建筑工人（装饰装修）技能培训教程

装饰装修木工

本书编委会　编

中国建筑工业出版社

图书在版编目（CIP）数据

装饰装修木工/《装饰装修木工》编委会编. —北京：
中国建筑工业出版社，2017.4
建筑工人（装饰装修）技能培训教程
ISBN 978-7-112-20429-8

Ⅰ.①装… Ⅱ.①装… Ⅲ.①建筑装饰-工程装
修-木工-技术培训-教材 Ⅳ.①TU759.5

中国版本图书馆 CIP 数据核字（2017）第 037139 号

建筑工人（装饰装修）技能培训教程
装饰装修木工
本书编委会　编

*

中国建筑工业出版社出版、发行（北京海淀三里河路 9 号）
各地新华书店、建筑书店经销
霸州市顺浩图文科技发展有限公司制版
北京建筑工业印刷厂印刷

*

开本：850×1168 毫米　1/32　印张：5⅝　字数：148 千字
2017 年 6 月第一版　　2017 年 6 月第一次印刷
定价：**16.00** 元
ISBN 978-7-112-20429-8
（29940）

本书包括：木装修常用板材与机具，装饰装修木工基本技术，木门窗制作与安装，吊顶工程，地面工程，木楼梯及楼梯扶手，细部木作工程施工等七章内容。

本书依据现行国家标准、行业规范的规定，体现新材料、新设备、新工艺和新技术的推广需求，突出了实用性，重在使读者快速掌握应知、应会的施工技术和技能，可施工现场查阅；也可作为各级职业鉴定培训、工程建设施工企业技术培训、下岗职工再就业和农民工岗位培训的理想教材，亦可作为技工学校、职业高中、各种短训班的专业读本。

本书可供装饰装修木工现场查阅或上岗培训使用，也可作为现场编制施工组织设计和施工技术交底的蓝本，为工程设计及生产技术管理人员提供帮助，也可以作为大专院校相关专业师生的参考读物。

责任编辑：郦锁林　张　磊
责任设计：李志立
责任校对：焦　乐　李欣慰

本书编委会

主编：王景文　王立春

参编：贾小东　姜学成　姜宇峰　孟　健　齐兆武
　　　王　彬　王春武　王继红　王景怀　吴永岩
　　　魏凌志　杨天宇　于忠伟　张会宾　周丽丽
　　　祝海龙　祝教纯

前　　言

随着社会的发展、科技的进步、人员构成的变化、产业结构的调整以及社会分工的细化，工程建设新技术、新工艺、新材料、新设备，不断应用于实际工程中，我国先后对建筑材料、建筑结构设计、建筑施工技术、建筑施工质量验收等标准进行了全面的修订，并陆续颁布实施。

在改革开放的新阶段，国家倡导"城镇化"的进程方兴未艾，大批的新生力量不断加入工程建设领域。目前，我国建筑业从业人员多达4100万，其中有素质、有技能的操作人员比例很低，为了全面提高技术工人的职业能力，完善自身知识结构，熟练掌握新技能，适应新形势、解决新问题，2016年10月1日实施的行业标准《建筑装饰装修职业技能标准》JGJ/T 315—2016对装饰装修木工的职业技能提出了新的目标、新的要求。

了解、熟悉和掌握施工材料、机具设备、施工工艺、质量标准、绿色施工以及安全生产技术，成为从业人员上岗培训或自主学习的迫切需求。活跃在施工现场一线的技术工人，有干劲、有热情、缺知识、缺技能，其专业素质、岗位技能水平的高低，直接影响工程项目的质量、工期、成本、安全等各个环节，为了使装饰装修木工能在短时间内学到并掌握所需的岗位技能，我们组织编写了本书。

限于学识和实践经验，加之时间仓促，书中如有疏漏、不妥之处，恳请读者批评指正。

目　录

1 木装修常用板材与机具

1.1 装饰装修常用材料和设备图例

1.1.1 装饰装修材料图例

常用房屋建筑室内材料、装饰装修材料应按表 1-1 所示图例画法绘制。下列情况可不画建筑装饰材料图例，但应加文字说明：

（1）图纸内的图样只用一种图例时。

（2）图形较小无法画出建筑装饰材料图例时。

（3）图形较复杂，画出建筑装饰材料图例影响图纸理解时。

常用房屋建筑室内装饰装修材料图例   表 1-1

名称	图例	备注
夯实土壤 *	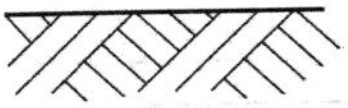	—
砂砾石、碎砖三合土	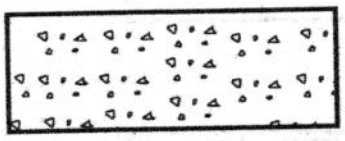	
石材 *	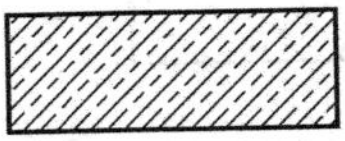	注明厚度
毛石	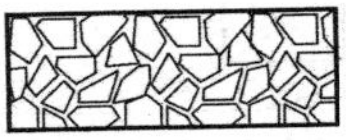	必要时注明石料块面大小及品种
普通砖	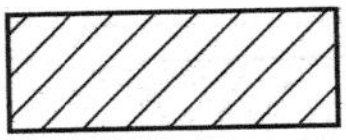	包括实心砖、多孔砖、砌块等。断面较窄不易绘出图例线时．可涂黑，并在备注中加注说明,画出该材料图例

名称	图例	备注
轻质砌块砖 *	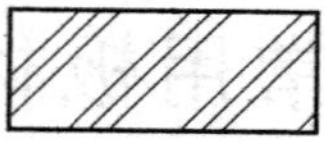	指非承重砖砌体
混凝土		(1)指能承重的混凝土及钢筋混凝土;
钢筋混凝土 *	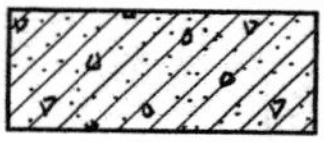	(2)各种强度等级、骨料、添加剂的混凝土; (3)在剖面图上画出钢筋时,不画图例线; (4)断面图形小,不易画出图例线时,可涂黑
饰面砖	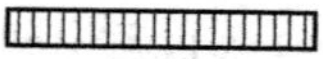	包括铺地砖、墙面砖、陶瓷锦砖等
轻钢龙骨板材隔墙	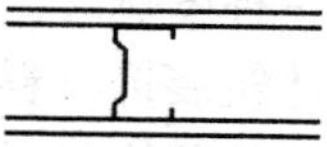	注明材料品种
多孔材料 *		包括水泥珍珠岩、沥青珍珠岩、泡沫混凝土、非承重加气混凝土、软木、蛭石制品等
纤维材料	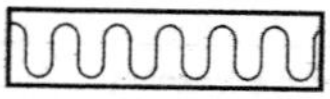	包括矿棉、岩棉、玻璃棉、麻丝、木丝板、纤维板等
泡沫塑料材料	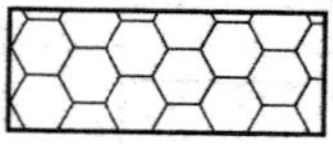	包括聚苯乙烯、聚乙烯、聚氨酯等多孔聚合物类材料
实木		表示垫木、木砖或木龙骨
		表示木材横断面
	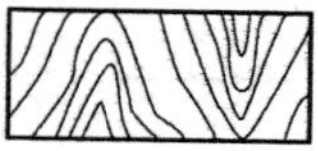	表示木材纵断面

名称	图例	备注
石膏板		(1)注明厚度; (2)注明石膏板品种名称
密度板		注明厚度
胶合板*		注明厚度或层数
多层板*		注明厚度或层数
木工板		注明厚度
金属*		(1)包括各种金属,注明材料名称; (2)图形小时,可涂黑
液体	(剖面) (平面)	注明具体液体名称
玻璃砖		注明厚度
磨砂玻璃	(立面)	(1)注明材质、厚度; (2)本图例采用较均匀的点
镜面	(立面)	注明材质、厚度

名称	图例	备注
普通玻璃 *	(立面)	注明材质、厚度
夹层(夹绢、夹纸)玻璃 *	(立面)	注明材质、厚度
橡胶 *		—
塑料 *		包括各种软、硬塑料及有机玻璃等
地毯		注明种类
防水材料	(小尺度比例) (大尺度比例)	注明材质、厚度
粉刷		本图例采用较稀的点
窗帘	(立面)	箭头所示为开启方向

注：带 * 图例中的斜线、短斜线、交叉斜线等均为45°。

1.1.2 常用构造及配件图例

常用构造及配件图例，见表1-2。

构造及配件图例   表 1-2

序号	名称	图 例	备 注
1	墙体	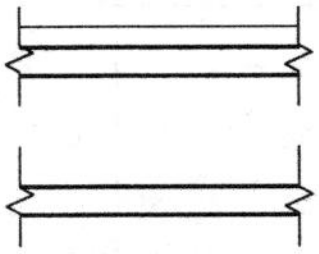	1. 上图为外墙，下图为内墙 2. 外墙细线表示有保温层或有幕墙 3. 应加注文字或涂色或图案填充表示各种材料的墙体 4. 在各层平面图中防火墙宜着重以特殊图案填充表示
2	隔断		1. 加注文字或涂色或图案填充表示各种材料的轻质隔断 2. 适用于到顶与不到顶隔断
3	玻璃幕墙		幕墙龙骨是否表示由项目设计决定
4	栏杆		—
5	楼梯	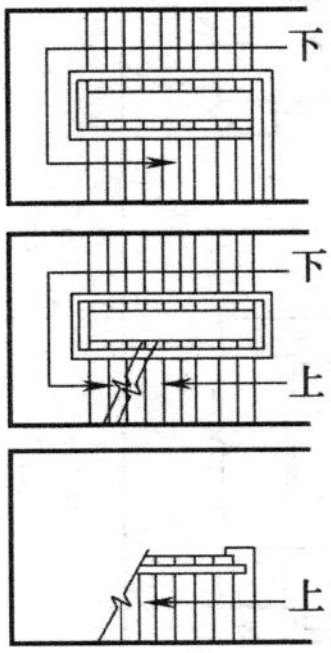	1. 上图为顶层楼梯平面，中图为中间层楼梯平面，下图为底层楼梯平面 2. 需设置靠墙扶手或中间扶手时，应在图中表示

序号	名称	图 例	备 注
6	平面高差	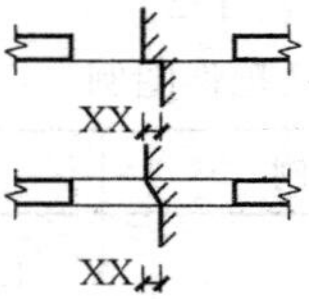 XX XX	用于高差小的地面或楼面交接处,并应与门的开启方向协调
7	检查口		左图为可见检查口,右图为不可见检查口
8	孔洞		阴影部分亦可填充灰度或涂色代替
9	墙预留洞、槽	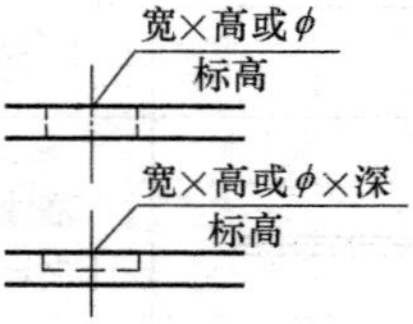 宽×高或ϕ 标高 宽×高或ϕ×深 标高	1. 上图为预留洞,下图为预留槽 2. 平面以洞(槽)中心定位 3. 标高以洞(槽)底或中心定位 4. 宜以涂色区别墙体和预留洞(槽)
10	新建的墙和窗	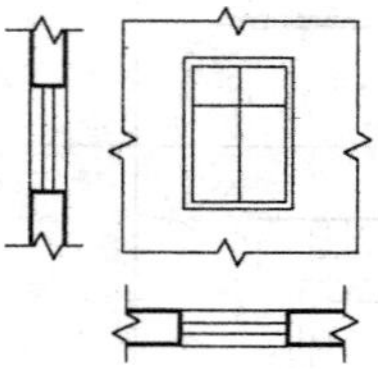	—
11	改建时保留的墙和窗	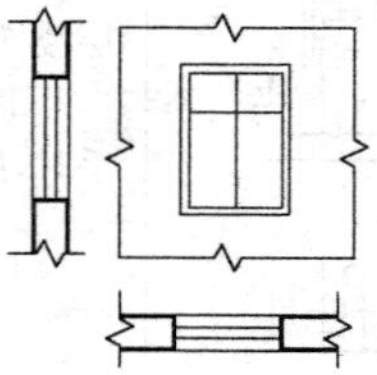	只更换窗,应加粗窗的轮廓线

6

序号	名称	图 例	备 注
12	空门洞	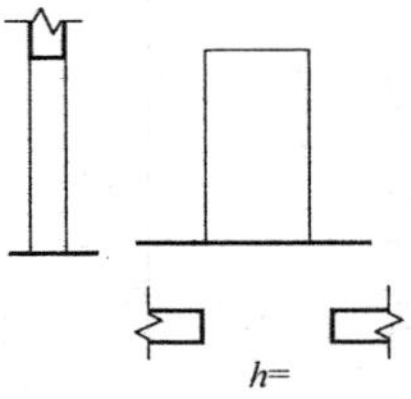	h 为门洞高度
13	单面开启单扇门（包括平开或单面弹簧）	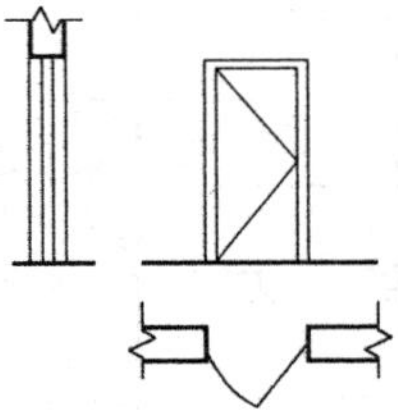	1. 门的名称代号用 M 表示 2. 平面图中，下为外，上为内门开启线为 90°、60°或 45°，开启弧线宜绘出 3. 立面图中，开启线实线为外开，虚线为内开。开启线交角的一侧为安装合页一侧。开启线在建筑立面图中可不表示，在立面大样图中可根据需要绘出 4. 剖面图中，左为外，右为内 5. 附加纱扇应以文字说明，在平、立、剖面图中均不表示 6. 立面形式应按实际情况绘制
	双面开启单扇门（包括双面平开或双面弹簧）		
	双层单扇平开门		

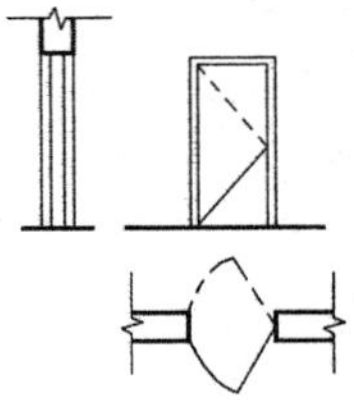

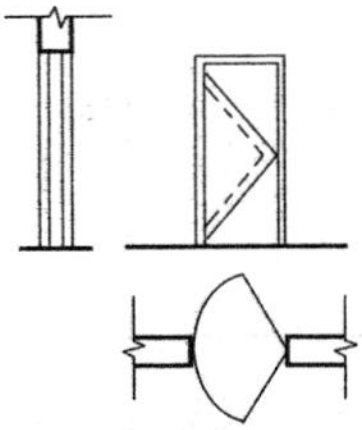

7

序号	名称	图 例	备 注
14	单面开启双扇门（包括平开或单面弹簧）		1. 门的名称代号用 M 表示 2. 平面图中，下为外，上为内 门开启线为 90°、60°或 45°，开启弧线宜绘出 3. 立面图中，开启线实线为外开，虚线为内开。开启线交角的一侧为安装合页一侧。开启线在建筑立面图中可不表示，在立面大样图中可根据需要绘出 4. 剖面图中，左为外，右为内 5. 附加纱扇应以文字说明，在平、立、剖面图中均不表示 6. 立面形式应按实际情况绘制
	双面开启双扇门（包括双面平开或双面弹簧）		
	双层双扇平开门		
15	折叠门		1. 门的名称代号用 M 表示 2. 平面图中，下为外，上为内 3. 立面图中，开启线实线为外开，虚线为内开。开启线交角的一侧为安装合页一侧 4. 剖面图中，左为外，右为内 5. 立面形式应按实际情况绘制
	推拉折叠门		

序号	名称	图　例	备　注
16	墙洞外单扇推拉门	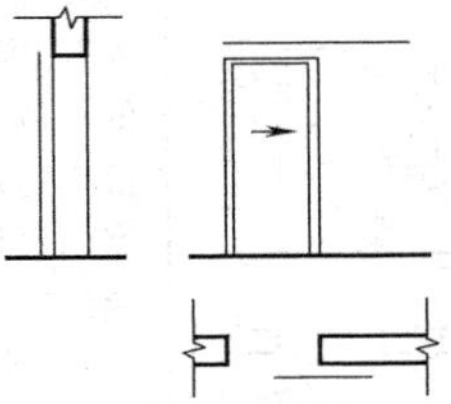	1. 门的名称代号用 M 表示 2. 平面图中,下为外,上为内 3. 剖面图中,左为外,右为内 4. 立面形式应按实际情况绘制
	墙洞外双扇推拉门	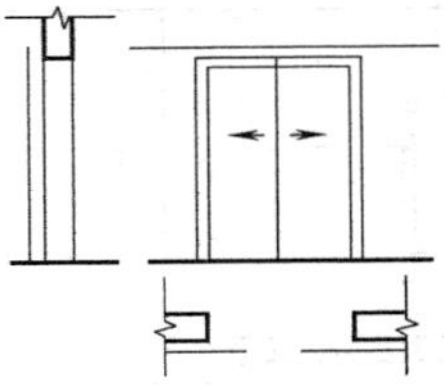	
	墙中单扇推拉门	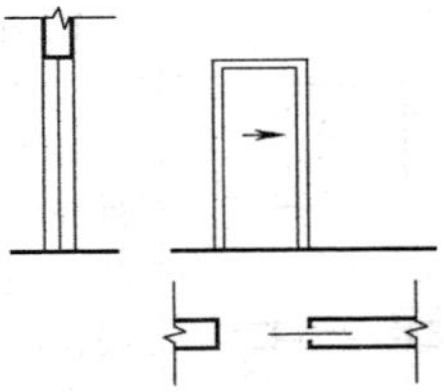	1. 门的名称代号用 M 表示 2. 立面形式应按实际情况绘制
	墙中双扇推拉门	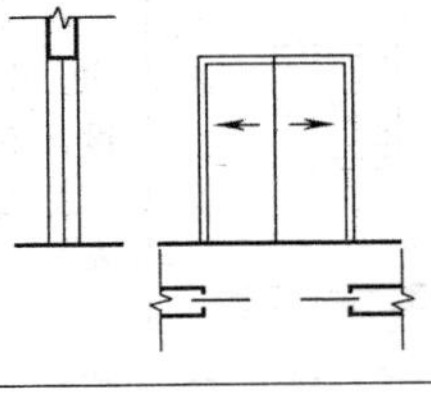	
17	推拉门	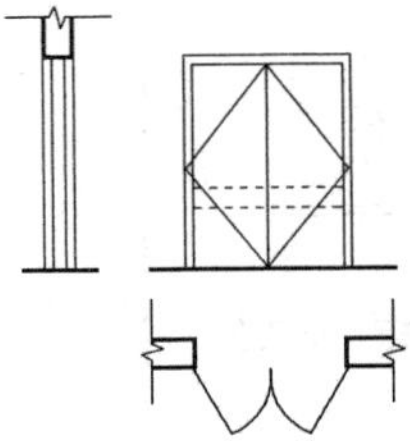	1. 门的名称代号用 M 表示 2. 平面图中,下为外,上为内 门开启线为 90°、60°或 45°

序号	名称	图 例	备 注
18	门连窗	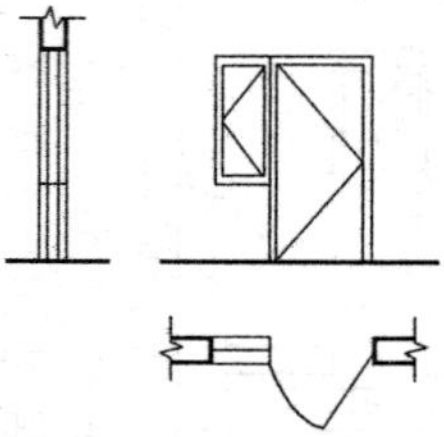	1. 立面图中,开启线实线为外开,虚线为内开。开启线交角的一侧为安装合页一侧。开启线在建筑立面图中可不表示,在室内设计门窗立面大样图中需绘出 2. 剖面图中,左为外,右为内 3. 立面形式应按实际情况绘制
19	固定窗	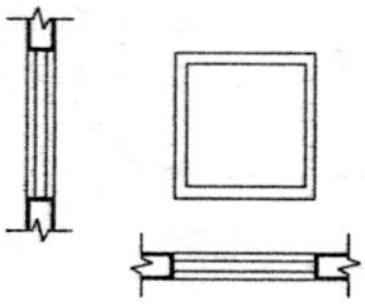	
20	上悬窗	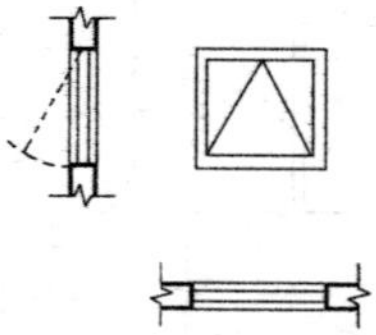	1. 窗的名称代号用C表示 2. 平面图中,下为外,上为内 3. 立面图中,开启线实线为外开,虚线为内开。开启线交角的一侧为安装合页一侧。开启线在建筑立面图中可不表示,在门窗立面大样图中需绘出 4. 剖面图中,左为外、右为内。虚线仅表示开启方向,项目设计不表示 5. 附加纱窗应以文字说明,在平、立、剖面图中均不表示 6. 立面形式应按实际情况绘制
	中悬窗	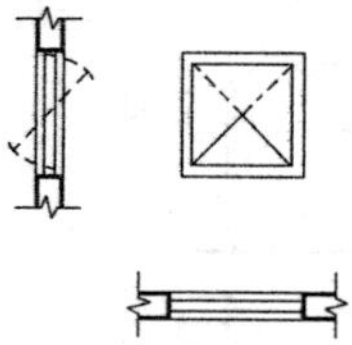	
21	下悬窗	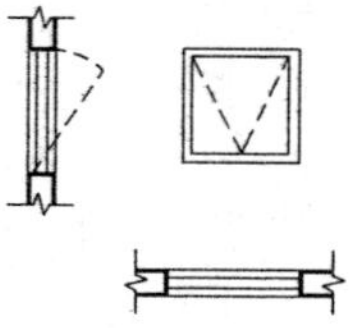	

序号	名称	图　例	备　注
22	立转窗	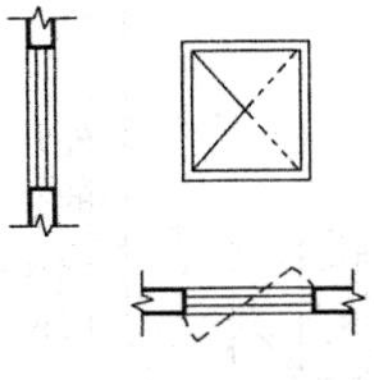	
23	内开平开内倾窗	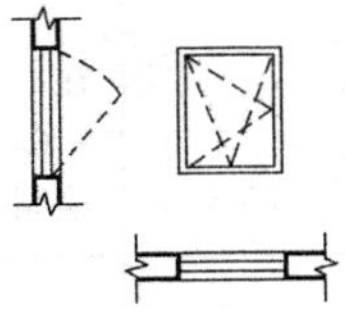	
24	单层外开平开窗	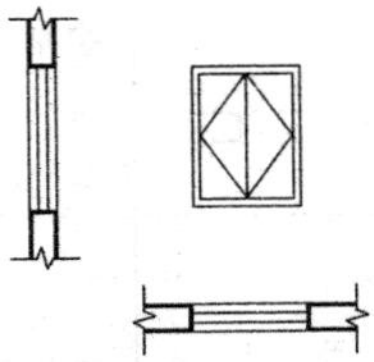	1. 窗的名称代号用C表示 2. 平面图中，下为外，上为内 3. 立面图中，开启线实线为外开，虚线为内开。开启线交角的一侧为安装合页一侧。开启线在建筑立面图中可不表示，在门窗立面大样图中需绘出 4. 剖面图中，左为外、右为内。虚线仅表示开启方向，项目设计不表示 5. 附加纱窗应以文字说明，在平、立、剖面图中均不表示 6. 立面形式应按实际情况绘制
	单层内开平开窗	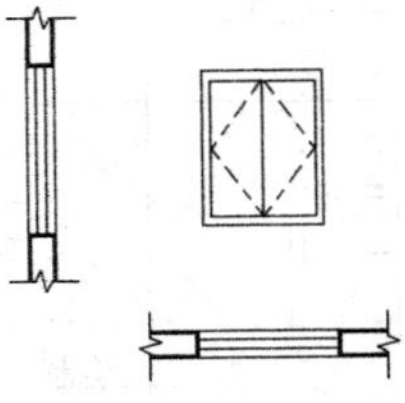	

序号	名称	图　例	备　注
25	双层内外开平开窗	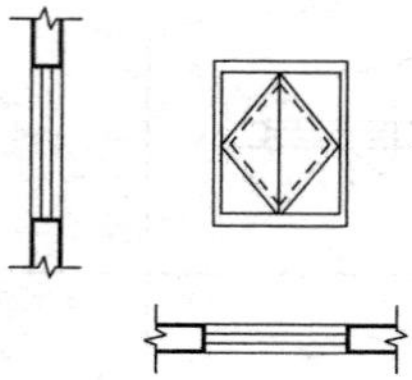	1. 窗的名称代号用C表示 2. 平面图中,下为外,上为内 3. 立面图中,开启线实线为外开,虚线为内开。开启线交角的一侧为安装合页一侧。开启线在建筑立面图中可不表示,在门窗立面大样图中需绘出 4. 剖面图中,左为外、右为内。虚线仅表示开启方向,项目设计不表示 5. 附加纱窗应以文字说明,在平、立、剖面图中均不表示 6. 立面形式应按实际情况绘制
26	单层推拉窗	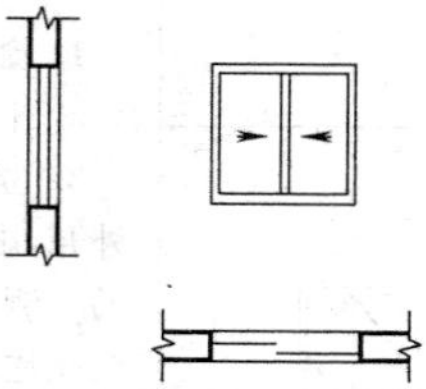	1. 窗的名称代号用C表示 2. 立面形式应按实际情况绘制
	双层推拉窗	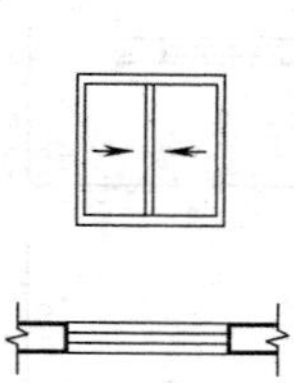	1. 窗的名称代号用C表示 2. 立面形式应按实际情况绘制
27	上推窗	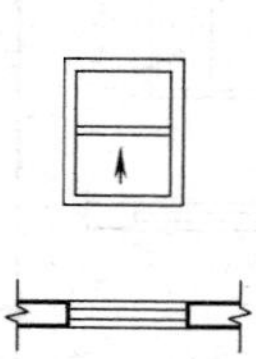	1. 窗的名称代号用C表示 2. 立面形式应按实际情况绘制

序号	名称	图　例	备　注
28	百叶窗	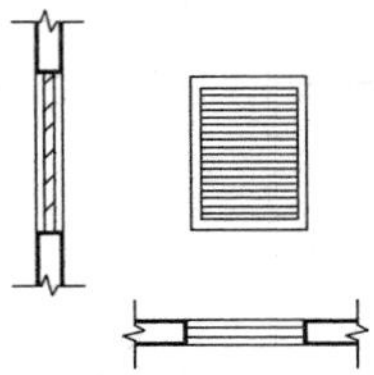	1. 窗的名称代号用C表示 2. 立面形式应按实际情况绘制
29	高窗	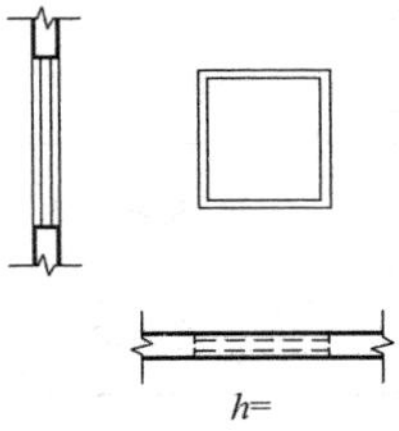 $h=$	1. 窗的名称代号用C表示 2. 立面图中,开启线实线为外开,虚线为内开。开启线交角的一侧为安装合页一侧。开启线在建筑立面图中可不表示,在门窗立面大样图中需绘出 3. 剖面图中,左为外、右为内 4. 立面形式应按实际情况绘制 5. h表示高窗底距本层地面高度 6. 高窗开启方式参考其他窗型
30	平推窗	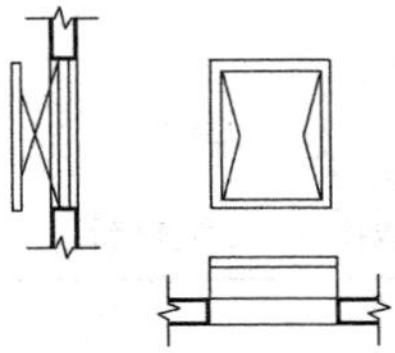	1. 窗的名称代号用C表示 2. 立面形式应按实际情况绘制

1.1.3　常用设备图例

装饰装修工程常用设备图例,见表1-3。

常用设备图例 表 1-3

名称	图例	名称	图例
送风口	▭ (条形) ▦ (方形)	回风口	▬ (条形) ▤ (方形)
侧送风、侧回风	↑ ↓	排气扇	▦
风机盘管	▭ (立式明装) ▭ (卧式明装)	安全出口 防火卷帘	EXIT —(F)—
消防自动喷淋头	⊙	感温探测器	◊
室内消火栓	◣ (单口) ◤◢ (双口)	感烟探测器 扬声器	S ◁

1.2 木装修常用板材

1.2.1 胶合板

1. 胶合板的分类和特征

胶合板的分类和特征，见表 1-4。

胶合板的分类和特征 表 1-4

分类	品种名称	特 征
按板的结构分	单板胶合板	也称夹板(俗称细芯板)。由一层一层的单板构成,各相邻层木纹方向互相垂直
	木芯胶合板	具有实木板芯的胶合板,其芯由木材切割成条,拼接而成。如细木工板(俗称大芯板、木工板)
	复合胶合板	板芯由不同的材质组合而成的胶合板,如塑料胶合板、竹木胶合板等

分类	品种名称	特　征
按耐久性分	干燥条件下使用	在室内常态下使用,主要用于家具制作
	潮湿条件下使用	能在冷水中短时间浸渍,适于室内常温下使用。用于家具和一般建筑用途
	室外条件下使用	具有耐久、耐水、耐高温的优点
按表面加工分	砂光胶合板	板面经砂光机砂光的胶合板
	未砂光胶合板	板面未经砂光的胶合板
	贴面胶合板	表面覆贴装饰单板、木纹纸、浸渍纸、塑料、树脂胶膜或金属薄片材料的胶合板
按形状分	平面胶合板	在压模中加压成型的平面状胶合板
	成型胶合板	在压模中加压成型的非平面状胶合板
按用途分	普通胶合板	适于广泛用途的胶合板
	特殊胶合板	能满足专门用途的胶合板,如装饰胶合板、浮雕胶合板、直接印刷胶合板等

装饰装修中常用的胶合板有:夹板、细木工板。

2. 胶合板的规格

胶合板的厚度为(mm):2.7、3、3.5、4、5、5.5、6等。自6mm起,按1mm递增。厚度自4mm以下为薄胶合板。

胶合板的常用规格为:3mm、5mm、9mm、12mm、15mm、18mm。

胶合板的幅面尺寸,见表1-5。

胶合板的幅面尺寸　　　　　表1-5

宽度(mm)	长度(mm)				
	915	1220	1830	2135	2440
915	915	1220	1830	2135	—
1220	—	1220	1830	2135	2440

1.2.2 密度板

1. 密度板的分类及特征

密度板也称纤维板，是以木质纤维或其他植物纤维为原料，施加脲醛树脂或其他合成树脂，在加热加压条件下，压制而成的一种板材。按其密度的不同，分为低密度板、中密度板、高密度板。

密度在 $450kg/m^3$ 以下的为低密度纤维板，密度在 $450 \sim 800kg/m^3$ 的为中密度纤维板，密度在 $800kg/m^3$ 以上的为高密度纤维板。目前密度板在装饰装修中较为常用的是中密度板。

国家标准《中密度纤维板》GB/T 11718—2009 对中密度板的分类及适用范围，见表 1-6。

中密度板的分类及适用范围 表 1-6

类型	简称	适用条件	使用范围
室内型中密度纤维板	室内型板	干燥	所有非承重的应用，如家居和装修件
室内防潮型中密度纤维板	防潮型板	潮湿	
室外型中密度纤维板	室外型板	室外	

密度板表面光滑平整、材质细密、性能稳定，板材表面的装饰性好。但密度板耐潮性及握钉力较差，螺钉旋紧后如果发生松动，则很难再固定。

2. 密度板的规格

幅面规格：宽度为 1220mm、915mm；长度为 2440mm、2135mm、1830mm。

厚度规格：8mm、9mm、10mm、12mm、14mm、15mm、16mm、18mm、20mm。

1.2.3 刨花板

1. 刨花板的分类及特征

由木材碎料（木刨花、锯末或类似材料）或非木材植物碎料

（亚麻屑、甘蔗渣、麦秸、稻草或类似材料）与胶粘剂一起热压而成的板材。刨花板多用于办公家具制作。刨花板的具体分类，见表1-7。

刨花板的分类　　　　　　　　　表 1-7

分类	品种名称	分类	品种名称
按制造方法	平压法刨花板	按所使用的原料	木材刨花板
	辊压法刨花板		甘蔗渣刨花板
按表面状态	未砂光板		亚麻屑刨花板
	砂光板		麦秸刨花板
	涂饰板		竹材刨花板
	装饰材料饰面板		其他
按表面形状	平压板	按用途	在干燥状态下使用的普通用板
	模压板		
按刨花尺寸和形状	刨花板		在干燥状态下使用的家具及室内装修用板
	定向刨花板		
按板的构成	单层结构刨花板		在干燥状态下使用的结构用板
	三层结构刨花板		在潮湿状态下使用的结构用板
	多层结构刨花板		在干燥状态下使用的增强结构用板
	渐变结构刨花板		在潮湿状态下使用的增强结构用板

2. 刨花板的规格

幅面规格：1220mm×2440mm。

厚度规格：4mm、6mm、8mm、10mm、12mm、14mm、16mm、19mm、22mm、25mm、30mm等。

1.3 木装修常用机具

1.3.1 木工工具

常用木工工具,见表1-8。

木工工具

表 1-8

序号	工具名称	规格	用 途
1	手刨	多种	用于刨削各种木材
2	木工锯	多种	用于锯切木材
3	手锤	多种	用于物件加工
4	木工凿	多种	用于木构件加工
5	螺丝刀	多种	紧固螺丝
6	卷尺	多种	测量尺寸
7	钢板尺	多种	测量尺寸
8	水平尺	多种	测量水平及垂直度
9	90°角尺	多种	测量直角及尺寸

1.3.2 电动机具

常用电动机具,见表1-9。

电动机具

表 1-9

序号	工具名称	型号	用途
1	冲击电钻	多种	用于结构上打孔
2	电锤钻	多种	用于结构上打孔
3	手电钻	多种	用于各种构件上钻孔
4	电动起子机	多种	用于上螺丝,紧固各种物件
5	空气压缩机	多种	气体压缩机具,配合气钉枪使用,为气钉枪提供气体动力

序号	工具名称	型号	用途
6	气钉枪	多种	用于打钉的气动工具,配合空气压缩机使用,利用气体压力将钉子射出,以固定对象物件
7	电圆锯	多种	用于切割各种木材
8	手电刨	多种	刨削各种木材
9	切割机	多种	裁切各种型材
10	曲线锯	多种	切割木材、塑胶、金属、陶板及橡胶。可割锯直线、曲线、斜角
11	修边机	多种	在木材、塑胶和轻建材上进行修边的工作,也可进行铣槽、雕刻、挖长的孔甚至借助模板进行铣挖

2 装饰装修木工基本技术

2.1 选配料

2.1.1 木材的缺陷

由于发育不好或病、虫危害等原因，使木材有缺陷或畸形发展而影响了木材的正常使用，对于木材的这些弊病称为木材的缺陷。因加工技术不好和保管不当造成的缺陷，称为木材的加工缺陷。一般木材的缺陷，见表2-1。

一般木材的缺陷 表 2-1

缺陷			说明
节子(节疤)	活节		是树干中的活树枝形成的节子,节的纤维与周围木材相连生,节的质地坚硬、构造正常
	死节	死硬节	材质坚硬的死节
		松软节	材质松软变质,但周围木材健全
		脱落节	干燥后死节脱落形成节孔
		腐朽节	节子已腐朽,但没有透入树干内部
	漏节		节子腐朽严重,形成筛孔状或粉末状并且腐朽已深入树干内部,和树干的内部腐朽相连
变色			变色菌侵入木材后,摄取木材细胞腔的养分,而不分解细胞壁的物质,在其全部活动过程中引起木材正常颜色的改变
腐朽			腐朽菌侵入木材后,不仅使木材改变颜色,而且会使木材结构逐渐变得松软、脆弱、易碎,最后形成一种呈筛孔状或粉末状的软块

缺陷		说明
虫眼		大都是树木伐倒（或枯死）后，遭受甲虫、蚊虫等的蛀食而成
开裂	纵裂	木材沿着长度方向木材纤维之间发生脱离的现象
	环裂	木材围着年轮方向发生的裂纹木材纤维之间发生脱离的现象
弯曲		树干的轴线不在一条直线上，向前后左右凸出的现象，称为弯曲。木材的弯曲影响木材的出材率和木材的强度
尖削		树干上下部直径相差悬殊的现象称为尖削
斜纹		树干纤维呈螺旋形生长，整个树干的纹理表现为扭转状，称为木材的斜纹或扭转纹
伤疤		树木的伤疤包括外伤、夹皮和树瘤等缺点
加工缺陷	倒茬、钝棱和弯曲	在原木加工和保管过程中，由于人为的原因造成的缺陷称为木材加工缺陷

2.1.2 圆木制材

1. 圆木制作半圆木

将圆木放在木马架或凳子上，在圆木的小头端吊看，确定弯曲较大的一面，将其转动到顶面，然后在顶面上弹一条墨线，再用线锤在木材两端吊看，并画出垂直中心线，划完后把木底面转向顶面以两端截面中心线的端点在顶面弹出一条纵长中心线；依纵长中心线锯开即得两根半圆木，如图 2-1 所示。

2. 圆木制作方木

先在圆木大小头截面用吊线法画出垂直中心线，用尺平分为二等分，中间的点为方木的中心，再用角尺通过中心画一水平线，然后按照要求的尺寸，利用十字线画出方木边线。在大头同样画出边线，用墨斗线连接两截面画出方木棱角线，弹出纵长墨线。依线锯掉四边边皮即可得到方木，如图 2-2 所示。

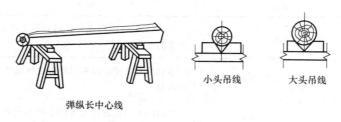

弹纵长中心线　　　小头吊线　　　大头吊线

图 2-1　圆木制作半圆木

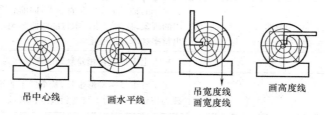

吊中心线　　　画水平线　　　吊宽度线　　　画高度线
　　　　　　　　　　　　　　画宽度线

图 2-2　圆木制作方木

3. 圆木制作板材

一般要用较平直的圆木，在端截面上用线锤吊中心线，用角尺画出水平线，在水平线上按板材厚度（加上锯缝宽），由截面中心向两边划平行线，然后连接相应的板材棱角点，用墨斗弹出纵长墨线，最后再锯出各块板材，如图 2-3 所示。

圆木锯解板材时，应注意年轮分布情况，使一块板材中的年轮疏密一致，以免发生变形。

4. 偏心圆木划分板材

对于偏心的圆木，须注意划分板材时与年轮分布之间的关系，尽量使板材中年轮疏密一致，以免发生变形。图示为画线时的正确与不正确的画线方法，如图 2-4 所示。

2.1.3　木门窗选料、配料

1. 选料

（1）选料时应先检查材质、曲度和毛料刨光预加断面尺寸等

吊中心线　　　画水平线

吊厚度线
画厚度线

图 2-3　圆木制作板材

是否符合要求，然后按需要长度锯断，其截面不得有劈棱、斜头和开裂等现象，端部200mm 以内不得有节疤。

画线正确　　　画线不正确

图 2-4　偏心圆木划分板材

（2）门窗框料有顺弯时，其弯度一般不应超过 4mm。扭弯者一般不准使用。

（3）青皮、倒棱如在正面，裁口时能裁完者，方可使用。如在背面超过木料厚的 1/6 和长的 1/5，一般不准使用。

（4）采用马尾松、木麻黄、易腐朽、虫蛀的树种时，整个构件应作防腐、防虫药剂处理。

（5）按选料表和配料单要求进行断料。

2. 配料

门窗料一般是按板方材规格料供应，因此各部件的断面毛料尺寸应尽可能符合规格料的尺寸，以免造成浪费。

（1）下料时应长短搭配，减少配料损耗；应先配长料，后配短料；先配大料，后配小料。

（2）配料时还要考虑到木材的疵病，不要把节疤留在开榫、打眼或起线的地方，对腐朽、斜裂的木材应不予采用。

（3）考虑到门窗料在制作时刨削、拼装等损耗，要合理的确定加工余量。宽度和厚度的加工余量，一面刨光者留 3mm，两面刨光者留 5mm，如长度在 50cm 以下的构件，加工余量可留

3～4mm；超过 50cm 的构件长度方向的加工余量，如表 2-2。

门窗构件长度加工余量 表 2-2

构件名称	加工余量
门框立梃	按图纸规格放长 7cm
门窗框冒头	按图纸规格放长 20cm，无走头时放长 4cm
门窗框中冒头、窗框中竖梃	按图纸规格放长 1cm
门窗扇梃	按图纸规格放长 4cm
门窗扇冒头、玻璃棂子	按图纸规格放长 1cm
门扇中冒头	在 5 根以上者，有 1 根可考虑做半榫
门心板	按图纸冒头及扇梃内净距放长各 5cm

（4）据毛料尺寸，在木材上划出截断线或锯开线时要考虑锯解的损耗量（即锯路大小），锯开时要注意到木料的平直，截断时木料端头要兜方。

（5）木材全部配齐后应有标识并分规格堆放整齐。

2.1.4 木制品配料

木制品所用木材要进行认真挑选，保证所用木材的树种、材质、规格符合设计要求。施工中应避免大材小用，长材短用和优材劣用的现象。由木材加工厂制作的木制品，在出厂时，应配套供应，并附有合格证明；进入现场后应验收，施工时要使用符合质量标准的成品或半成品。

1. 锯材构件配料

（1）应根据木制品质量要求，按构件所处部位，合理确定各构件所用成材的纹理、规格和含水率等。

（2）配料时，应合理留出加工余量，选用的锯材或订制材的规格尺寸宜和加工时的构部件规格尺寸相衔接。

（3）加工精度和表面光洁度要求较高的构部件，应放大加工余量。

（4）加工余量应视生产设备、刃具、夹具和模具的精度而定。

（5）生产中加工余量宜按表 2-3 执行。

锯材构件加工余量参考表（mm）　　　　　表 2-3

宽、厚度		长度	
单面刨床		端头有单榫头时	5～10
长度≤1m 时	长度>1m 时	端头有双榫头时	8～16
1～2	3	端头无榫头时	5～8
双面刨床		指接的毛料	10～16（不包括榫）
长度≤2m 时	长度>2m 时		
2～3/单面	4～6/单面	—	—
四面刨床			
长度≤2m 时	长度>2m 时		
1～2/每单边	2～3/每单边		

2. 人造板材配料

（1）人造板配料时应优先考虑套裁余料的合理利用。

（2）对于连续组合安装木构件，应整板贴薄木后精裁再对纹拼接。

（3）对于珍贵薄木，应先裁板后贴薄木。

（4）人造板及片材的裁板精度宜控制在±1mm 以内。

2.2　锯材、板材加工要求

2.2.1　锯材构件加工

（1）锯材构件加工余量，参见 2.1.4 中的相关内容。

（2）对于不同的构部件，应根据其使用部位的质量要求，确定应加工的基准面，基准面的选择应便于构部件的安装和加工。

（3）对曲线形方材毛料宜选择平直面作为基准面，再选择凹面作为基准面。

2.2.2 板材构件加工

（1）板式构部件应进行封边处理，使用实木条封边时，应控制实木条的厚度公差。

（2）板式构部件封边处理后封边材料高度应比基材厚度高出0.15~0.2mm。

（3）板式构部件孔位加工时，孔径大小、深度应一致，孔间尺寸应准确。

2.2.3 弯曲造型板材构件加工

（1）用锯材制作用于承重部位的弯曲构件时，宜采用蒸汽弯曲，并注意其木材纹理与受力方向的关系。

（2）非承重部位的弯曲构件可采用锯制加工法。

（3）曲率大的弯曲构件应根据构件在木制品中的部位和受力情况逐段对纹弯曲胶合。

（4）薄板弯曲胶合后宜陈放8~24h，使部件在自由状态下释放内应力。

（5）薄板胶合弯曲时应选择合理的胶压方式和模具。

（6）薄板胶合弯曲时应控制薄板的厚度公差以确保整个弯曲件尺寸。

2.3 划线打眼操作

2.3.1 划线操作

（1）划线前，应检查划线样板、丁字尺和拐尺等工具的精确度和木材刨光的质量。

（2）按设计图纸规格要求出大样，根据大样先划一根样件，将线脚、槽口、榫头（根据不同门框扇的规格用料，取单榫、双榫、双夹榫等）、孔眼和肩角等部位，用横（垂直）、竖（平行）

线划齐。节疤及裂纹等木材缺陷应避开打眼开榫和线脚部位。

（3）划线时要选光面作为表面，有缺陷的放在背后，画出的榫、眼、厚、薄、宽、窄尺寸必须一致。

（4）用划线刀或线勒子划线时须用钝刃，避免划线过深，影响质量和美观。画好的线，最粗不得超过 0.3mm，务求均匀、清晰。不用的线立即废除，避免混乱。

（5）划线顺序，应先画外皮横线，再画分格线，最后画顺线，同时用方尺画两端头线、冒头线、棂子线等。

（6）划线时应注意木材的正、背、内、外、左、右、成对、顺逆等，并检验标墨记号。划出的线必须正确、均匀、清楚，划线方法可使用四面、六面划线器或活动划线架等工具。

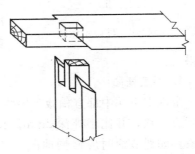

（7）门窗框及厚度大于 50mm 的门窗扇应采用双夹榫连接，如图 2-5 所示。冒头料宽度大于 180mm 时，一般画上下双

图 2-5　框梃和冒头连接大割角

榫。榫眼厚度一般为料厚的 1/5～1/3，中冒头大面宽度大于 100mm 者，榫头必须大进小出。门窗棂子榫头厚度为料厚的 1/3。半榫眼深度一般不大于料厚度的 1/3，冒头拉肩应和榫吻合。

（8）门扇上、下冒头的宽度在 150mm 以内时，一般可做单榫。如大于 150mm 者，须做双榫，每个榫头宽度，不小于冒头宽度的 1/4，在上冒头的上侧和下冒头的下侧应留不小于 30mm 的平肩，如图 2-6 所示。门扇中冒头榫，一般按冒头的宽度（除去门芯板之槽位置）分成三等分。

（9）无下冒头的门框边梃，划线时应按设计高度在立边下部两侧划出下脚标高线，在光面整平前锯出 2～3mm 深锯痕（锯口线）各一道，作为安装标高依据。

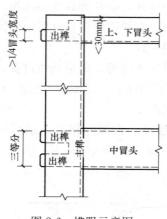

图 2-6　榫眼示意图

2.3.2　打眼操作

选用适合榫眼宽度的凿子，先从门梃的背面凿下，当深度约为梃宽的 1/2 左右时，再改从正面凿入，以免损坏眼壁。凿出的眼，顺木纹两侧要直，不得错岔；如遇有半眼时应先凿半眼，以防损坏木材组织，影响榫眼受力配合。打眼时正面应保留半条墨线，背面凿去墨线，以便造成楔形效果。

1. 手工凿眼

眼内上下端中部宜稍微突出些，以便拼装时加楔打紧，半眼深度应一致，并比半榫深 2mm；孔眼的厚度方面不允许有凸起现象。如遇节疤时应慢慢地凿入，前后面凿间的间距应相应减少，须防木材开裂。

打眼时，必须将木材平放在工作台或工作凳上，凿子应扶正，锤子敲击时应和凿子运动协调，用力应适度。打眼时一般门梃一次可平放两根，一面的打眼工序完后，翻过来再依次凿另一面，可以节约翻料和取料时间。

2. 机械打眼

（1）操作前须将床架和夹具调整好，使台面平整，夹具灵活，钻头垂直。

（2）夹料时除斜眼外须将木材保持平直，夹紧；打眼时要对正眼线，不得偏斜，防止走线，正面要留出半条墨线，背面切掉墨线。如需两面打透眼时，应先从背面打起，打到 1/2 深后再翻过来由正面打通。打出的眼须整齐方正。

（3）打眼时，必须按照部件的规格、眼的大小控制进钻速度，掌握闸把要适度，开始应缓慢，然后根据机器的功率，均匀地加速，不应让钻机超载；手把不能抖动，并不得猛然下压。

（4）打夹榫时，应注意不得损坏两边榫头。打半眼时，除利用固定橙以外，还可根据眼的深度加橙，或划出标识，使打眼深度保持一致。

（5）在操作中，当打眼的外芯被木屑挤塞，或因下压过猛，而使机器转动缓慢甚至产生钻头冒烟等现象时，须立即抬起手把，停车检查清理。

（6）打好第一根料的孔眼后，应将所配合的榫头和榫眼拼装，校核无误后，方可进行成批打眼。

（7）打圆孔眼时，则须将原钻壳取下，按照需要直径，重新安装好后，再行操作。

（8）成批生产时，要经常核对，检查眼的位置尺寸，以免发生误差。

2.4 刨料开榫

2.4.1 刨料要求及操作

1. 刨料要求

（1）刨料应顺木纹方向进行，如图 2-7 所示，刨出表面须光滑平直，相邻两面须成 90°，同一规格木料的宽、窄、厚、薄应一致，如图 2-8 所示。

（2）刨料时应选择平正、木节少、裂纹少的木面作正面，通常取相邻的大小面，有节疤、裂纹的面，放在背面。

框梃如有弯曲时，应将凸面向外，安装时使凸部贴住墙面以便撑直。

（3）刨料的顺序应为：先刨正面，后刨背面；先刨大面，后刨小面。必须经常用角尺紧贴正大面来回移动，

（4）以检查控制相邻面的方正（90°）。合格后应在这相邻大

小面的正面上划出标墨做上记号，作为划线的基准面。

（5）成品的宽、窄、厚、薄应多留 0.5mm 以备净面。

（6）门框边料，可刨光三面（贴墙一面可以不刨），但必须铲出如图 2-9 所示的两个斜口和灰浆槽，框料宽度大于 100mm，应铲出两道。

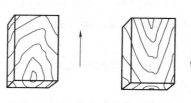

图 2-7　顺木纹方向刨料示意图

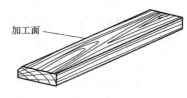

加工面

图 2-8　刨料直线加工示意

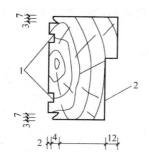

图 2-9　门框料断面
1—灰浆槽；2—门扇框厚

2. 手压刨、平刨操作

操作前，应先根据所刨构件的宽窄将安全挡盖调整好，刨刀吃料深度不得超过 1.5mm。如料太厚，可分两次或几次刨光；对于不同规格的材料，不得同时刨料。材料进出压刨机时，必须与台面贴平，贴紧靠板，不得歪斜翘曲。

刨料时必须用两手压紧材料两端的上面（两手前后的距离约 600mm），遇长料时先把住后端，用右手（或木叉）慢慢地均匀推进，手不得接近刨刀口。推料速度应根据所刨部件规格而定，不得用力过猛。两人操作时，须等刨料推过台面中心（刀口）200mm 左右，下手（助手）方可接料，不得猛拉猛拖，以防失手伤人，损坏机械或影响质量。弯曲材料应预先刨直。

刨光的木材，应按规格分类，光面对光面堆放整齐。

2.4.2 开榫要求

1. 木门窗框、扇开榫

木门窗框、扇开榫要留半个墨线。拉出的肩和榫要平、正、直、方、光，不得变形；开出的榫要与眼的宽、窄、厚、薄一致，并在加楔处锯出楔子口。半榫的长度要比眼的深度短 2mm。拉肩不得伤榫。

门中冒头三等分的榫头，应将中间部分留出平肩或半榫后去掉。锯半榫时，榫头长度小于榫眼深度 5mm 左右，使拼装后，既有少许空隙，又不影响牢固。

2. 木制品开榫

（1）当采用贯通榫连接时，榫头长度宜大于榫孔深度 5～8mm。

（2）当采用非贯通榫连接时，榫头长度宜小于榫孔深度 2～3mm。

（3）榫头长度宜取 25～30mm，单榫榫头的厚度应为方材厚度（或宽度）的 1/2。

（4）当方材断面尺寸大于 40mm×40mm 时，应采用双榫接合，榫头总厚度应大于方材断面尺寸的 1/3。榫头厚度应小于榫孔宽度 0.1～0.2mm。

（5）对方榫，榫端两边或四边宜加工成 20°～30°倒角。

（6）对于榫头的宽度，当采用开口榫接合时，榫头宽度应与连接榫槽同宽；当采用闭口榫接合时，榫头宽度应比榫孔长度大 0.5～1mm，普通规格的硬材宜取 0.5mm，而软材宜取 1mm。当采用截肩榫时，其截肩部分应为方材宽度的 1/3，或宜取 10～15mm。

（7）圆榫材料宜选用比重较大、无疤节和腐朽、纹理通直的硬阔叶材。

（8）圆榫含水率应低于被连接构部件含水率的 2%～3%。

（9）生产中常采用圆榫的直径宜为 6mm、8mm 和 10mm，圆榫的长度宜采用 32mm。

（10）圆榫的尺寸要求可按下列公式计算（表 2-4）：

1）圆榫的直径：

$$D=(0.4\sim0.5)S \tag{2-1}$$

式中　D——圆榫直径（mm）；

　　　S——接合处材料的厚度（mm）。

2）圆榫的长度：

$$L=(3\sim4)D \tag{2-2}$$

式中　L——圆榫长（mm）。

圆榫的规格尺寸（mm）　　　　表 2-4

被接合的构部件厚度	圆榫直径	圆榫长度
10～12	4	16
12～15	6	24
15～20	8	32
20～24	10	30～40
24～30	12	36～48
30～36	14	42～56
36～40	16	56～64

（11）接合构部件厚度超过 40mm 时，圆榫的规格尺寸应专项设计。

（12）圆榫两端应加工成一定的倒角，倒角宜为 30°～45°。圆榫除定位外，必须使用两个圆榫以上，以防止转动。

（13）两端开榫头时，应使用同一表面作基准。

（14）加工榫槽和榫簧时应正确选择基准面。

（15）加工榫头时应严格控制两榫间距和榫颊与榫肩之间的角度。

2.4.3　圆锯机开榫操作

1. 操作要求

操作前应根据加工部件的规格、夹榫的大小厚薄，校正好刀片距离，使其水平，不得有倾斜。开榫机割肩的上下划刀必须垂直（划刀不能深于开榫的刨刀面，以免损伤榫面）如遇肩头长短不齐，划刀的距离应等于其长短的差值。操作中应随时检查调整，以防走线。

开车前，应检查刨刀螺栓是否拧紧，开车后，先使机器运转到正常状态，再启动割肩机轴，待转动完全正常后，方可推入部件，正式生产。

开榫时，应用手或螺栓压头压紧木料，贴住靠板，先慢慢推进，然后逐渐加速，不得用力过猛。

2. 单锯片开榫

单锯片开榫适用于加工各种类型的木门窗带榫构件，如图2-10所示。加工时，只要根据榫肩的厚度调整导板与锯片的距离，并且依据导板掌握合适的推进速度，就可以进行单榫开榫作业。

如果带榫构件是双肩榫，可以锯出一侧榫缝后，翻转构件再锯出另一侧的榫缝。

用单锯片开榫的构件，一般要求宽度一致，同时两侧立面应该刨光，以避免榫身厚度不统一。

3. 双锯片开榫

双锯片开榫的最大特点是一次推进构件可以同时锯出两道锯缝。因此，构件可以只在一侧刨光，宽度也可以不要求都一致。使用双锯片开榫不仅能保证榫身的厚度统一，同时还可以用调整其中一张锯片直径的方法直接加工那些高低肩的构件，如图2-11所示。

使用双锯片加工构件时，两锯片之间的距离要根据榫身厚度夹1块特制的法兰盘，法兰盘的两侧都要加工成凹形面。双锯片开榫具有速度快、榫身厚度统一的优点，但是一定要注意两张锯片的适张度要符合构件加工的要求。用锯片开榫加工出的构件质量，一般都能达到手工操作的标准。

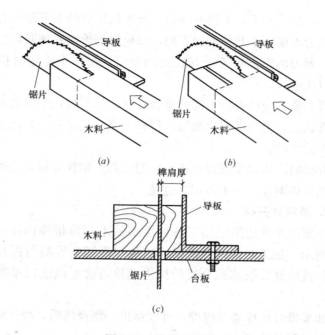

图 2-10　单锯片开榫

(a) 单榫锯割；(b) 双榫锯割；(c) 导板与锯片间距离调整

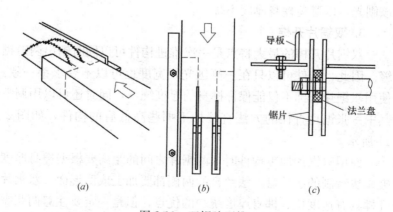

图 2-11　双锯片开榫

(a) 等肩榫锯割；(b) 高低肩榫锯割；(c) 双距片间距调节

此外，利用圆锯机开榫时，在榫肩厚度上可以用导板进行水平方向上的调整。但是，由于圆锯轴沉在平台板下，所以切割出现偏心弧线，也就是构件的上、下锯口不在一条垂线上。为了使榫身的上、下锯口进深一致，可以在平台板进料口处安装一块有坡度的木块，坡度方向对准轴心，如图 2-12 所示。对构件进行切割推进时，按照榫肩的铅笔线，就能掌握准确的切进深度。

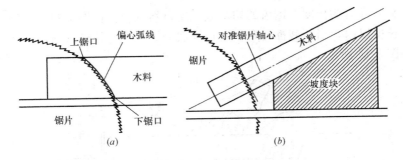

图 2-12　偏心弧线调整
（a）偏心弧线示意图；（b）加坡度块调整

用带有坡度的木块，调整切割推进的上、下角度，构件锯缝的上、下锯口就能在一条垂线上，切割线自然就是正圆弧线。

2.4.4　圆锯机开榫肩操作

榫肩的断截也可以用圆盘锯锯出，一般以短小构件为主。圆锯断截榫肩的构件长度必须是一致的，这个长度中包括下料长度、实际用料长度和两端榫肩之间距离 3 种长度，其中下料长度和实际用料长度一般是不一致的，但在特殊情况下，有时也可以是一致的。因此，在这里我们把下料长度和实际用料长度合并称为外线，而把构件两端榫肩之间的距离长度称为内线，如图 2-13 所示。

使用外线作标准时，由于外线的长度是一致的，可以用榫头直接顶住定位的导板断截榫肩。导板与圆锯片之间的距离就是榫

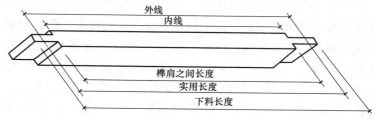

图 2-13 下料线

头与榫肩的长度，锯齿的切割缝宽度自然就包括在榫头和榫肩的长度以内，当断截榫肩时，要在榫肩的铅笔线之外进行断截，如图 2-14 所示。

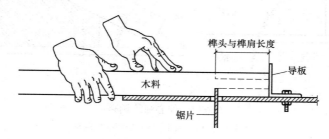

图 2-14 外线作标准截榫肩

使用内线作标准时，一端的榫肩断截适用于外线的切割方法，也就是用榫头顶住导板进行榫肩的断截，导板的上皮高度可以超过榫肩的高度；而断截另一端榫肩时，因为导板与锯片之间的距离就是构件两端榫肩距离的长度，所以，已经断截完的那一侧的榫肩一定要顶在导板上，导板的上皮高度一定要与榫肩的厚度一致。锯齿的切割缝在两端榫肩的长度之外，就是断截榫肩时，也要在榫肩的铅笔线以外进行断截，如图 2-15 所示。

断截榫肩时，应该根据锯齿露出锯台板平面的实际长度和榫肩断截的厚度，使用木方或木板进行调整。固定台板可用木板或木材调节高度，如图 2-16 所示；调节台板可用升降螺栓控制，如图 2-17 所示。

36

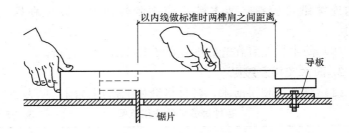

图 2-15　内线作标准截榫肩

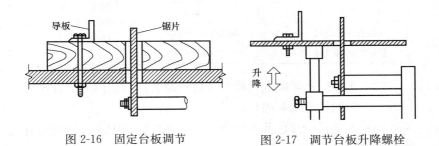

图 2-16　固定台板调节　　　图 2-17　调节台板升降螺栓

2.5　薄木加工及构件胶结

2.5.1　薄木加工

1. 贴面准备

（1）贴面前，应根据构件尺寸和纹理要求将薄木进行划线、剪切，除去端裂和变色等缺陷部分，裁成要求的规格尺寸。

（2）剪裁时，应先横纹剪裁，后顺纹剪裁。

（3）装饰面宽度小于或等于 150mm 的贴面薄木（如用大山纹），宜用整张薄木，且要求木纹在宽度方向位于中心；配对部件贴面的花纹应对称，正面多抽屉的柜子各抽屉间木纹应连续。

（4）幅面比较狭窄的薄木，使用时应预先胶拼。

（5）胶贴前的薄木拼花，应先用纸带条（块状）临时固定，再用连续纸带胶拼，薄木端头应用胶带拼好，以免在搬运中破损。

（6）薄木拼花宜在光线明亮的专用工作台上进行。

2. 薄木胶拼及胶贴

（1）拼缝机胶拼薄木，各种拼缝机的适用范围，见表 2-5。

各种拼缝机的适用范围　　　　　　表 2-5

拼缝机类型	薄木类型	厚度(mm)
无纸带拼缝机	厚薄木（拼缝处涂胶）	厚薄木 0.5～2.0；薄型薄木 0.2～0.5；微薄木 0.15～0.2
有纸带拼缝机	各种薄木	
热熔胶线拼缝机	薄型薄木、微薄木	
热熔胶滴拼缝机	薄型薄木、微薄木	

（2）聚醋酸乙烯酯乳白胶与脲醛树脂胶混合使用时，宜加入 $10\%\sim30\%$ 的填充剂和固化剂。

（3）人造板用浅色薄木贴面时，应在胶粘剂中加入适量颜料或隐蔽剂。

（4）薄木贴面时对基材进行单面涂胶，胶粘剂涂胶量应根据基材种类和薄木厚度确定，涂胶量不宜太大，胶层应均匀。

（5）大而薄的部件胶贴时应遵守对称原则，正反两面均应贴薄木。

（6）在刨花板、中高密度纤维板等基材表面上直接粘贴薄木，根据基材表面平整度差异，宜选用 0.3～0.6mm 的薄木。

3. 冷压贴面

（1）冷压贴面时，应采用冷固性脲醛树脂胶或聚醋酸乙烯酯乳白胶。

（2）冷压贴面时的单位压力应为 0.5～1.0MPa，在室温 15～20℃条件下加压时间为 8～12h。

4. 热压贴面

（1）热压贴面时，各层板坯应在压机中对齐，施压不宜过快，使薄木有舒展机会，但从升压到闭合不宜超过 2min，以防止胶层在热压板温度下提前固化。

（2）热压后应立即检查薄木胶贴质量，用2‰～3‰的草酸溶液擦除表面因单宁与铁离子作用产生的变色，并用酒精、乙醚等除去表面油污。

（3）热压条件与基材的种类和厚度、薄木的树种和厚度、胶粘剂的种类有关。薄木贴面热压工艺条件，见表2-6。

薄木贴面热压工艺条件 表 2-6

胶粘剂种类	多层压机中用脲醛树脂胶（UF）		单层压机中用改性胶粘剂		两液合胶（UF＋PVAc）	醋酸乙烯-N-羟甲基丙烯酰胺乳液胶（VAC/NMA）		
薄木厚度（mm）	—		0.6～0.8	1.0～1.5	0.2～0.3	胶合板基材薄木厚 0.5	纤维板基材薄木厚 0.4～1.0	刨花板基材薄木厚 0.6～1.0
热压温度（℃）	110～120	130～140	145～150		115	60	80～100	95～100
单位压力（MPa）	0.8～1.0	0.8～1.0	0.5～0.8		0.7	0.8	0.5～0.7	0.8～1.0
热压时间	（3～4）min	2min	（25～30）s	（40～60）s	1min	2min	（5～7）min	（6～8）min

（4）薄木贴面热压卸压后，应陈化12h以上，使其应力均衡，胶粘剂充分固化。

5. 薄木胶贴常见缺陷及处理

对薄木贴面产生的脱胶、透胶、裂纹等常见缺陷，宜按表2-7中的处理方法处理。

薄木胶贴常见缺陷及处理办法 表 2-7

常见缺陷	产生原因	处理办法
胶粘不牢、大面积脱胶	（1）胶质量不好（如发霉等）； （2）含水率高	（1）因面积大，不易修复，重新胶贴； （2）手工胶贴时薄木含水率应控制在15%左右

常见缺陷	产生原因	处理办法
局部脱胶、出现鼓泡	(1)局部没有涂到胶； (2)烫压时间过长，胶已焦化； (3)含水率不均匀	(1)涂胶、烫压要均匀； (2)可用锋利切刀顺木纹划破鼓泡处薄木或用粗头注射器将胶注入鼓泡内，然后用熨斗压平；鼓泡面积大时可将其薄木切除，刮净残胶，选择相近薄木重新胶贴，补片周边要严密； (3)薄木、基材的含水率都应均匀一致
胶贴表面出现凹凸不平	(1)基材本身表面不平整； (2)胶层厚薄不均，烫压时没有把多余的胶液挤出来	(1)难以修复、修整部件表面，重新胶贴； (2)烫压时使多余胶挤出，形成厚薄均匀的胶层
胶贴表面有透胶	(1)胶液过稀，涂胶量过大； (2)薄木厚度太薄； (3)薄木材性构造造成(导管太大)； (4)薄木含水率过高； (5)胶贴单位压力过高	(1)调整胶粘剂黏度和涂胶量，胶粘剂重量比以PVAc+面粉＞UF为原则； (2)用厚为0.5mm以上的薄木可避免透胶； (3)选用导管较小的树种； (4)薄木含水率不应过高，湿布擦过后要自然干燥后再贴，热压前少水； (5)延长陈放时间，胶贴单位压力应控制在0.5～1.0MPa； (6)轻微者用刀刮或研磨掉，严重者把薄木切除重新胶贴
胶贴表面有裂纹	(1)胶粘剂配合比不当； (2)热压温度、压力过大； (3)薄木厚度太薄、质量差； (4)薄木含水率过高、干燥后收缩； (5)基材质量有问题	(1)调整胶粘剂的配合比(增加UF、使用固化剂)、提高胶液耐水性； (2)适当降低热压温度和压力，卸压后喷水、热压后板面对面堆放以减少水分蒸发； (3)用稍厚的薄木或在薄木与基材间夹缓冲层(一层纸)，并注意胶贴的纹理方向； (4)薄木含水率不宜过高； (5)选择符合要求的基材

常见缺陷	产生原因	处理办法
胶贴表面被污染	木材本身含有油类、脂类、蜡类、单宁和色素等成分	树脂、油污可用酒精、乙醚、苯和丙酮等溶剂擦除，也可选用1%苛性钠或碳酸钠再用清水擦除单宁、色素与铁离子形成的污染可用双氧水或5%草酸擦除
拼缝出现黑胶缝、离缝或搭接	(1) 配板时切刀不快而造成拼缝不直、不严； (2) 薄木含水率大、干燥后收缩； (3) 胶液黏度不当	(1) 切刀必须锋利，胶贴时薄木尽量挤紧，但中央部分稍松，不可绷紧或搭缝； (2) 应控制薄木含水率，不能过高，拼缝处可喷水； (3) 调整胶粘剂黏度（增加UF）和涂胶量； (4) 降低热压温度
板面翘曲变形	(1) 胶粘剂配合比不当； (2) 热压条件不当； (3) 表背面胶贴薄木不对称； (4) 薄木含水量大，干燥收缩	(1) 减少UF胶的配合比使胶层柔软； (2) 缓和热压条件，热压后水平堆放并压重块； (3) 表背面胶贴薄木应符合对称原则，并注意胶贴的纹理方向； (4) 薄木含水率不宜过高
板面透底色	(1) 薄木厚度太薄； (2) 基材色调不均匀	(1) 用稍厚的薄木或用与薄木同色的纸贴在基材上； (2) 基材着色或在胶粘剂中加入少量着色剂
表面出现压痕	薄木表面有杂物或基材表面有胶痕等	薄木表面上杂物应及时清除掉，板面要保持整洁

2.5.2 构件胶结

1. 构件胶结要求

(1) 中密度纤维板和刨花板采用热熔胶封边处理时，涂胶量应在 $250\sim300g/m^2$ 以上，其他材料的涂胶量应为 $200\sim250g/m^2$。

(2) 方材胶合时，被胶合的小料方材宜为同一树种或材性相似且纹理相近，含水率基本一致的不同树种，且相邻胶合材料的含水率偏差应小于 1%。

（3）方材宽度方向宜采用企口胶合，长度方向宜采用指接胶合。

（4）企口胶合时涂胶量应控制在 $150\sim180g/m^2$，指接胶合时涂胶量应控制在 $200\sim250g/m^2$。

（5）方材胶合时，胶合面施加压力宜为 $0.7\sim0.8MPa$，垂直胶合面宜为 $0.1\sim0.2MPa$。

（6）当小料方材在厚度上进行胶合时，各层拼板长度上的接头应错开。

（7）胶压或胶合后的构部件，应陈化 $8\sim12h$。

2. 胶粘剂使用

（1）对 AB 组分的胶粘剂，应按说明书的要求进行配比。

（2）对 AB 组分、单组分溶剂型或水剂型的胶粘剂，使用前应充分搅拌均匀。

（3）待粘接材料表面应打磨平整，并不得有油污、灰尘等杂质。

（4）粘接接头应进行合理设计，提高接头粘接强度。

（5）胶粘剂使用时，宜现配现用，留置时间不宜太长；溶剂型胶粘剂涂胶后，应留置到不粘手后再进行粘合。

（6）在保证两个胶合面都有胶粘剂情况下，胶层应做到均匀，涂胶不宜太厚。

（7）粘接物件时，应使用专用夹具施压，单位压力宜在 $0.5\sim1.0MPa$。

（8）物件施压粘接后，陈化时间宜为 $8\sim12h$。

2.6 构件表面修整、组装及涂饰

2.6.1 构件表面修整加工

（1）实木构部件砂光时，砂带号数应在 $80\sim200$ 之间，涂饰表面底漆或面漆砂光时，砂带号数应为 200～1500 之间。

（2）对于较宽大的构部件，应首先进行木材纹理横向砂光，再进行木材纹理纵向砂光。

（3）所有构部件应先清理修补残缺、非正常孔隙、破材、节孔后再砂光。

2.6.2 构部件组装

（1）组装前应首先检查各加工构件是否砂光处理合格，整套构件加工是否正确。

（2）构件组装时应根据工艺结构确定组装顺序。

（3）构件组装应在水平操作平台上进行。

（4）构件组装时，当遇胶粘剂溢出时，应在胶粘剂未干时清理干净。

（5）构件组装后应认真检查是否有构件遗漏及其他不良情况，确认无误后方可进入下道工序。

（6）由多个构件组成的木制品，应先将固化后的构件组装成部件，最后将部件组装成木制品。

（7）构件组装应根据被粘木材种类、所要求的粘接性能、制品使用要求及操作条件等合理选择胶粘剂。操作过程中，应掌握涂胶量、晾置和陈放、压紧、操作温度、粘接层厚度五大要素。

（8）构件组装成部件后，不符合准确形状和精确要求时，应对构部件进行再加工。

2.6.3 表面涂饰

1. 木制品在表面涂饰

（1）表面涂饰应覆盖木制品所有可见光面。

（2）表面涂饰前应完成五金件安装孔、槽的加工。

（3）表面涂饰不应影响五金件安装。

（4）每一道涂饰工序完成并充分干燥后方可进行下道工序。

2. 木制品表面处理

（1）木制品在涂层被覆前应去除表面毛刺、胶痕、油迹等污物。

（2）木制品表面缝隙、节疤等应用与涂料配套的腻子分层多遍批嵌平整并打磨光滑。

（3）腻子干燥后，应用砂纸进行砂光打磨，操作时顺木纹方向，应用力均匀，不得磨透露底。

3. 木制品着色

（1）着色时应顺木纹方向由上至下、由左至右进行，搓色要均匀、细腻，不得露原底。

（2）应采用专用色精（金属络合染料）进行调色，色精调配应使用清洁的玻璃、陶瓷或塑料容器，不得使用金属容器。

4. 木制品涂料涂饰

（1）聚氨酯清漆、醇酸清漆及酚醛清漆涂饰应符合现行国家及行业标准的规定。

（2）涂料涂饰宜在恒温无尘环境内进行，环境温度不宜低于10℃，相对湿度不宜大于60%。

（3）调涂料前应对涂料及稀释剂型号、规格、颜色、黏度进行确认。

（4）木制品所有不见光面要做封闭底漆。

（5）喷枪移动速度应控制在0.3～0.6m/s，喷嘴与喷涂面应始终保持垂直状态，并保持平行匀速运动。

（6）喷涂压缩空气压力应控制在0.3～0.5MPa，喷枪与喷涂面距离应控制在0.2～0.3m。

（7）喷涂作业时，每一喷涂幅度的边缘，应与前面已经喷好的幅度边缘搭接1/3～1/2，搭接宽度应保持一致。

（8）喷面漆时不应一次性喷涂太厚，手工喷漆不应少于两遍底漆、两遍面漆，自动喷漆宜为四遍底漆、两遍面漆。

（9）对多维面喷涂时，应遮挡留出一个作业面，反复交替进行喷涂，达到漆膜厚度要求。

（10）最后一遍面漆完成，应充分干燥后方可进行包装。

（11）木制品涂饰应根据其常见的不同缺陷采取相应的消除方法。

3 木门窗制作与安装

木门窗的主要材料包括：木材、指接材、胶合木（集成材）、人造板、饰面材料、涂料、密封材料、胶粘剂、五金配件及玻璃等。

门窗内芯填充材料可使用木材、人造板、纸质蜂窝等材料，但不得使用废弃的未经处理的木质材料。

3.1 木门窗分类、构造及外观质量

3.1.1 木门窗分类

木门窗分类，见表3-1。

木门窗分类　　　　　　　表 3-1

序号	分类依据	分　　类
1	主要材料	实木门窗； 实木复合门窗； 木质复合门窗； 综合木门窗
2	门窗周边形状	平口门窗； 企口凸边门窗； 异型边门窗
3	使用场所	外门窗； 内门窗； 室内门窗
4	产品表面饰面	涂饰门窗； 覆面门窗； 覆面、涂饰复合门窗
5	门扇内部填充材料多少	实心门扇； 半实心门扇

3.1.2 木门窗外观质量

（1）实木门窗外观质量应符合表 3-2 中 1～8 项及（4）规定。

（2）装饰单板覆面门窗外观质量应符合表 3-2 中 9～16 项及（4）规定。

（3）其他覆面材料门窗外观质量应符合表 3-2 中 17～22 项及（4）规定。

（4）涂饰、加工制作、五金锁具及合页安装、玻璃等外观质量应符合表 3-2 中 23～39 项规定。

木门窗外观质量　　　　　　　　　　表 3-2

序号	项 目	要 求		不合格分类
木材制品(实木)				
1	半活节、未贯通死节	窗棂、压条及线条	直径<5mm 不计，<材宽的 1/3，计个数，单面任 1 延米个数≤3	C
		外窗受力构件	直径<3mm，单面任 1 延米个数≤3	B
		其余部件	直径<20mm 不计，<材宽的 2/5，计个数，单面任 1 延米个数≤5	C
2	死节、树脂道	门窗边、框、窗棂、压条及线条	不允许	B
		其余部件	直径<12mm 不计，≤材宽的 2/5，计如活节个数，要修补，单面任 1 延米个数≤3	B
3	髓心	窗棂、压条及线条	不允许	C
		其余部件	不露出表面的允许	C

序号	项 目		要 求	不合格分类
4	裂纹	外窗受力构件、窗棂、压条、镶板及线条	不允许	B
		其余部件	深度及长度≤厚度及材长的1/5	B
5	贯通裂缝	框	长度不得超过100mm	A
		其余部件	不允许	A
6	斜纹的斜率	框	≤12%	B
		窗棂、压条及线条	≤5%	B
		门镶板	不限	—
		其余部件	≤7%	B
7	油眼、虫眼	窗棂、压条及线条	不允许	B
		其余部件	不露出表面的允许	B
8	腐朽	所有部件	不允许	A
装饰单板饰面				
9	活节	阔叶树材	不限	—
10		针叶树材	最大单个直径≤20mm	C
11	半活节、夹皮和树脂囊、树胶道		最大单个直径≤20mm，每平方米表面的缺陷≤4个；单个直径≤5不计，脱落处填补	B
12	死节、孔洞		最大单个直径≤5mm，每平方米表面的缺陷≤4个；单个直径≤3mm不计，脱落、开裂处要填补	A
13	腐朽		不允许	A
14	鼓泡、分层		面积≤20mm²，每平方米的数量≤1个	A
15	凹陷、压痕		面积≤100mm²，每平方米的数量≤1个	C
16	*裂缝、条缺损（缺丝）、叠层、补条、补片、透胶、板面污染、划痕、拼接离缝		不明显	C

序号	项　　目	要　　　求	不合格分类
		其他覆面材料饰面	
17	干、湿花	不允许	B
18	污斑	不明显,3～30mm² 允许的每平方米的数量≤1 个	C
	表面压痕、划痕、皱纹	不明显	B
19	透底、纸板错位、纸张撕裂、局部缺纸、龟裂、鼓泡、分层、崩边等	不允许	A
20	表面孔隙	表面孔隙总面积不超过总面积的 0.3％允许	C
21	颜色不匹配、光泽不均	明显的不允许	C
		涂　　饰	
22	漆膜鼓泡	不允许	B
23	针孔、缩孔、白点	φ≤0.5mm,单面每平方米的数量≤5 个	C
24	皱皮、雾光	不超过板面积的 0.2％	B
25	*粒子、刷毛、积粉、杂渣	不明显	C
26	漏漆、褪色、掉色	不允许	A
27	色差	不明显	B
28	*加工痕迹、划痕、白楞、流挂	不明显	C
		加　工　制　作	
29	*毛刺、刀痕、划痕、崩角、崩边、污斑及砂迹	不明显	C
30	倒棱、圆角、圆线	均匀	C
31	允许范围内缺陷修补	不明显	C

序号	项　目	要　　求	不合格分类
32	榫接部位	牢固、无断裂;不得有材质缺陷	A
33	割角组装、拼缝等	端正、平整、严密(拼缝间隙及高低差≤0.2mm)	B
34	人造板外露面	不允许,应进行涂饰或封边密封处理	A
35	*密封胶条安装不平直、不均匀、接头不严密,咬边,脱槽或脱落	不允许	C
36	*雕刻	线条流畅、铲底应平整、不得有刀痕和毛刺及缺角,贴雕与底板粘贴严密牢固	C
37	软、硬包覆部位	应平服饱满、无明显皱褶、圆滑挺直、外露泡钉无损坏及排列整齐	B
五金锁具及合页安装			
38	*位置不准确、不牢固、启闭不灵活	不允许	B
玻　璃			
39	*线道、划伤、麻点、砂粒、气泡	不明显	C

注:1. 按产品的相应类别项进行检查。
　　2. 不明显是指正常视力在视距末 1m 内可见的缺陷。
　　3. 明显是指正常视力在视距 1.5m 内可清晰观察到。
　　4. 表中 * 表示每一项目中有 2 个以上单项,出现一个单项不合格,即按一个不合格计算。
　　5. 不合格项分类,A 为严重不合格项,B 为不合格项,C 为较轻。

3.1.3　木门窗的常用节点构造

木门窗的常用节点构造,见表 3-3。

序号	结构部位	简　图
门　窗　框		
1	框子冒头和框子梃割角榫头	
2	框子冒头和框子梃不割角榫头	
3	框子冒头和框子梃双夹榫榫头	
4	框子梃与中贯档结合	

序号	结构部位	简　图
门　扇		
5	下冒头与门梃结合	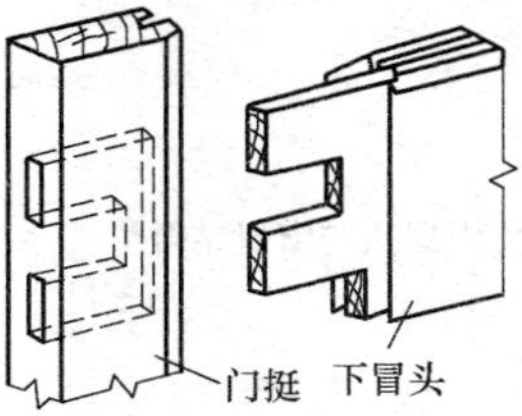 门挺　下冒头
6	上冒头与门梃结合	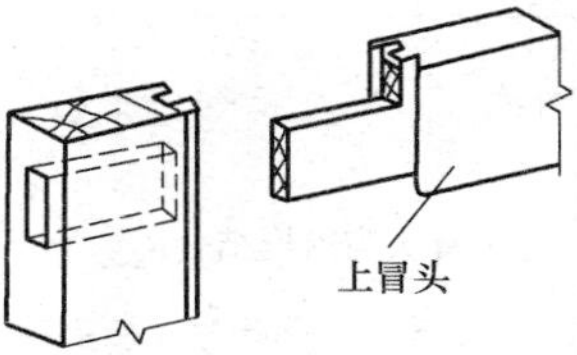 上冒头
7	中冒头与门梃结合	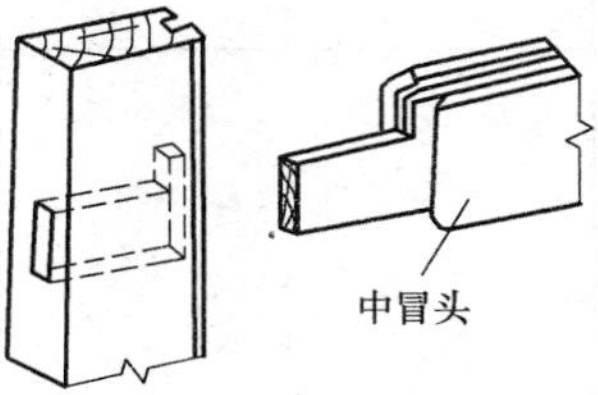 中冒头
8	棂子与门梃结合	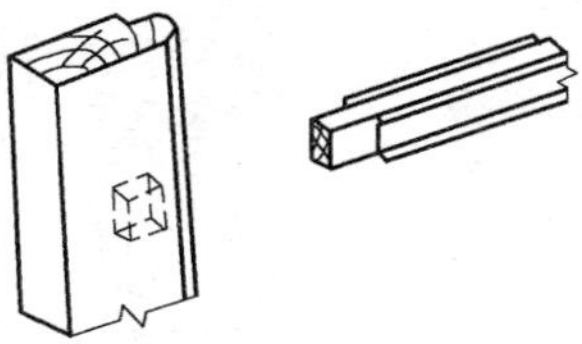
9	棂子与棂子的十字结合	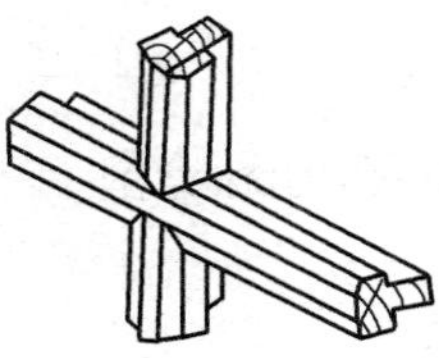

序号	结构部位	简　图
	窗　扇	
10	上冒头与窗梃结合	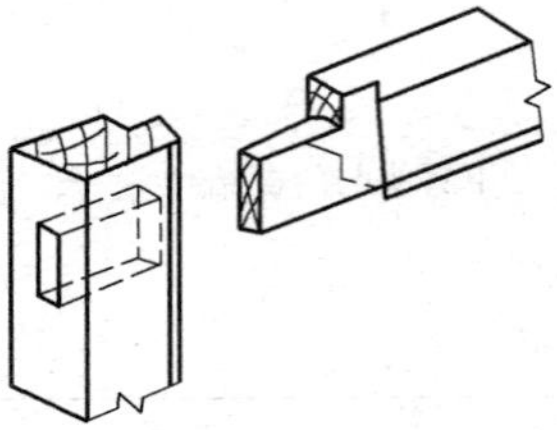
11	下冒头与窗梃结合	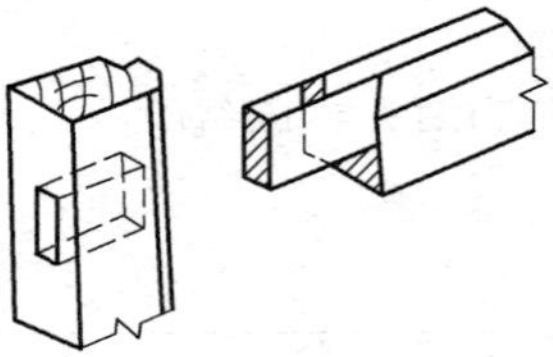
12	窗棂子十字交叉结合	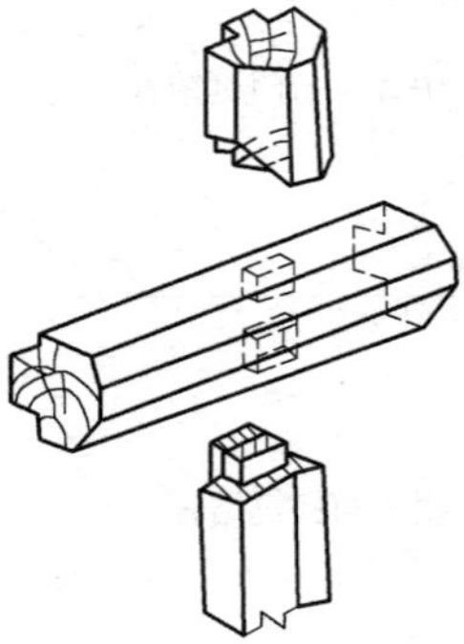
13	窗棂子与窗梃结合	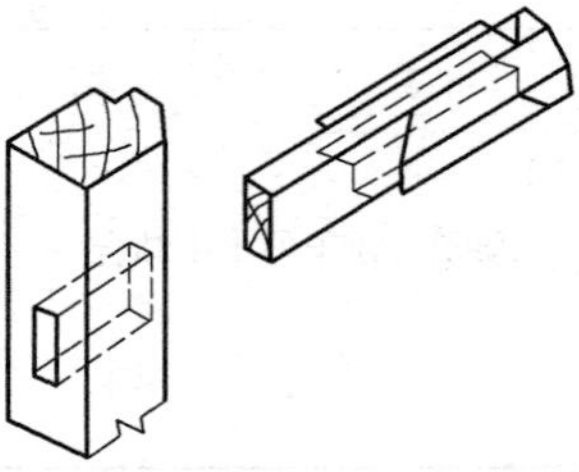

序号	结构部位	简 图
	门 窗 榫	
14	普通门窗单榫、双榫、双夹榫的构造尺寸要求	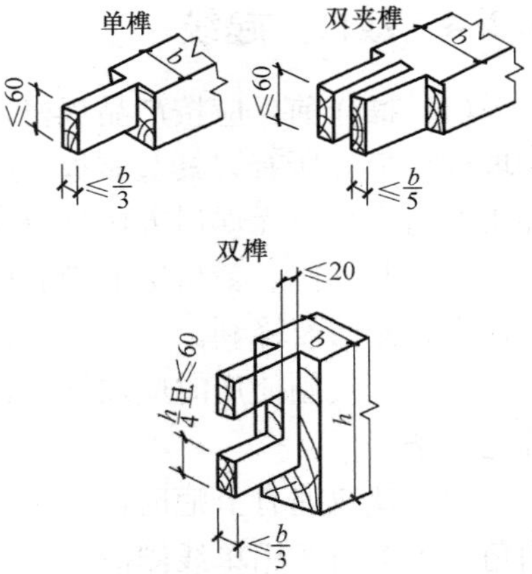

3.2 普通木门窗制作

3.2.1 选料、配料

参见上述 1.1.3 中相关内容。

3.2.2 划线打眼

参见上述 1.2 中相关内容。

划线必须正确,线条要平直、光滑、清秀、深浅一致。

3.2.3 刨料开榫

参见上述 1.3 中相关内容。

刨面不得有刨痕、戗槎及毛刺。遇有活节、油节,应进行挖补,挖补时要配同样树种、同木色,花纹要近似,不得用立

53

木塞。

榫要饱满，眼要方正，半榫的长度可比半眼的深度短 2mm。拉肩不得伤榫。

3.2.4　裁口、起线

（1）操作前，应按产品规格、形状、尺寸定好铲口深度和线脚坡度，上好所有刀具及靠板。所刨线脚的斜度、深浅，必须与榫头的肩角核对无误后方可进行生产。

（2）起线刨、裁口刨的刨底应平直，刨刃盖要严密，刨口不宜过大，刨刃要锋利。

（3）起线刨使用时应加导板，以使线条平直，操作时应一次推完线条。

（4）裁口遇有节疤时，不准用斧砍，要用凿剔平然后刨光，阴角处不清时要用单线刨清理。

（5）操作手压式铲口机时，必须将木料贴住靠板，压住床面，用左手按料，右手推进。对超过 3m 长的木料铲口时，应两人分上下手操作，上手应在离刀口 200mm 处放手，以防发生事故。下手在木料越过刀口 150mm 后，才可慢慢压紧，推进与接拉的速度要均匀，必须适合机器运转速度，不宜太快，以免发生铲口深浅不一致的现象。

（6）裁口、起线必须方正、平直、光滑，线条清秀，深浅一致，不得戗槎、起刺或凸凹不平。

（7）加工门扇的错口前，应检查门框的内净尺寸进行配刀，使其深浅正确，在活动台面上钉好限位木，再进行加工。在第一樘完成后，应检查其规格质量，错口厚度双扇应各占一半，拼合后应严密吻合无高低和空隙，完全符合要求后，方能大量生产。

3.2.5　门窗拼装成型

（1）拼装前应认真检查边框、冒头、芯板等各类构件的质量、规格、数量是否符合图纸要求。要求部件方正、平直，线脚整齐分明，表面光滑，尺寸、规格、式样符合设计要求。并用细刨将遗留墨线刨去、刨光。

（2）拼装时，下面用木楞垫平，放好各部件，榫眼对正，用斧轻轻敲击打入；敲击时必须在敲击处衬垫上木材，不得直接敲击门构件以免损坏木材表面。

（3）拼完后再在每处榫头内打入一至两个木楔，拼装严实后要将冒出的木榫头锯掉，木楔一般长 80mm 左右，厚约 10～15mm，宽度与榫眼相同。在加楔时，先要使成品平直、方正、不翘曲，然后再加楔楔紧，并加胶料胶结。门扇组装榫、眼、肩必须满涂胶，不允许只在楔上涂胶，而榫、眼、肩不涂胶的做法。

（4）框子在拼合正确后，上部两交角处用两根八字斜角撑搭牢，没有下冒头的门框应在两个框梃的下部锯口线以上钉上拉脚撑拉牢，以便安装时校正平直和防止搬运时变形。

（5）框子拼合完成后，在与砖墙接触的一面须满涂水柏油或其他防腐剂。连接框子的木砖，也须满涂防腐剂。涂刷防腐剂时，不得沾污框可见的木材面。

（6）芯板的拼接。芯板须做成企口缝或高低缝，拼接要紧密，拼缝销子眼不能倾斜，更不能滑出板面。芯板厚薄应一致。边框上芯板的凹槽深度，应使镶好芯板后尚有 2～3mm 的间隙。板面要平坦光滑，没有刨痕和波浪现象。

（7）制作胶合板门（包括纤维板门）时，边框和横楞必须在同一平面上，面层与边框及横楞应加压胶结。应在横楞和上、下冒头各钻两个以上孔径 $\phi8$ 的透气孔，以防受潮脱胶或起鼓（油漆时不应闭塞）。

（8）普通双扇门窗，刨光后应平放，刻刮错口（打叠），刨平后成对做记号。

（9）门窗框靠墙面应刷防腐涂料。

（10）门框、扇在净光后就立即涂刷一遍底油（干性油），防止受潮变形。

（11）门扇和框拼合搭牢后，应注明其编号、数量和规格，堆放时必须平放，底面用垫木垫起，不使受潮变形。如露天堆放时，应加遮盖，防止日晒雨淋。

3.2.6　木门窗修整

木门窗如有允许限值内的死节及直径较大的虫眼时，应用同一材种的木塞加胶填补，对于清油制品，木塞的色泽和木纹应与制品一致。

木门窗的结合处和安装小五金处，均不得有木节或已填补的木节。

采用马尾松、木麻黄、桦木、杨木等易腐朽、虫蛀的树种木材制作门窗时，整个构件应进行防腐处理。

3.3　高级木门窗制作

高级木门窗的制作除应符合普通木门窗有关制作要点外，尚应注意以下几点：

（1）高级木门应采用窑干的硬木制作，要求木纹自然、协调、美观，加工制作应精细，所选用的五金应与门相适应；高级木门宜采用木材本色，门面应选用水曲柳、胡桃木等高级胶合板，刷聚酯漆，露木纹；高级木门的面层胶合板应均匀涂刷白乳胶后与门扇或骨架紧密粘合，并采用冷压或热压工艺使其粘结牢靠。

（2）安装无门框的装饰门、塑料浮雕装饰门时，要特别注意选用协调、配套的三合板、细木工板包装门洞口，并选用与其色调相适应的五金。

（3）加工成型的装饰门扇在运输和存放过程中要特别注意保护，以免将饰面部分损坏。门扇宜存放在库房内，避免风吹、日晒、雨淋。

（4）所用的胶粘剂，一般应选用接触型胶粘剂，白乳胶可用于内门，外门应采用防水胶，如间苯酚树脂或粉状合成树脂胶。操作时应在旧门表面及贴面板的背面均匀涂刷胶粘剂，待表面指干后按要求将其定位，并粘结到一起，再用小圆钉临时固定。

胶粘剂固化后，将门锁装配孔和执手装配孔开好，并重新安装上全部小五金。

（5）装饰门的门洞口包装，应按要求尺寸先在洞口侧墙上钻孔，孔中塞入木楔，然后用钉将小木枋、细木工板等与洞口侧墙钉牢，再进行表面胶合板的粘贴，并使其与门扇协调、配套。

（6）装饰门用于浴、厕时，门扇与地面之间应留 8～10mm 的缝隙；用于其他房间时，门扇与地面之间应留 6～7mm 的缝隙。

（7）安装合页等五金时，宜根据安装部位事先在扇、框上钻孔，然后再拧入木螺钉。

合页、门锁、门档等小五金安装，要求位置适宜，槽边整齐、槽深一致，尺寸准确，木螺钉拧紧、卧平，门扇开关灵活，无反弹、走扇现象。

3.4 百叶窗制作

在做百叶窗的时候，采用传统做法打百叶眼子，花费工时很多，且质量不易保证，可用两个圆孔来代替，百叶板的端头做两个与孔对应的榫，再装上去。这样做既不影响结构，又提高了工效，而且保证了质量，降低了对用材的要求。具体做法如下：

3.4.1 百叶梃子的画线

百叶梃子的眼子墨线的传统画法一般都需画 4 根线，围成 1 个长方形，如图 3-1（a）所示，由于百叶眼和梃子的纵横向一般为 45°，较为麻烦。

若采用定孔心的位置画法，即先画出百叶眼宽度方向的中线，这是一条与梃子纵向成 45°的线，百叶眼的中线画好后，再画一条与梃子边平行距离为 12～15mm 的长线，这根线与每根眼子中心线的交点就是孔心。这根线的定法是以孔的半径加上孔周到梃子边应有的宽度，如图 3-1（b）所示。一般 1 个百叶眼只钻两个孔就可以了。

3.4.2 钻孔

把画好墨线的百叶梃子用铳子在每个孔心位置铳个小弹坑。铳了弹坑之后，钻孔一般不会偏心。

当百叶厚度为 10mm 时，采用 φ10 或 φ12 的钻头，孔深一般在 15～20mm 之间，可大大提高工作效率。

3.4.3 百叶板制作

由于百叶眼已被两个孔代替，所以百叶板的做法也必须符合

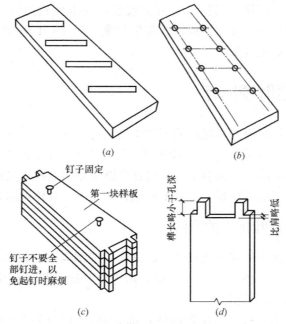

（a）

（b）

钉子固定

第一块样板

钉子不要全部钉进，以免起钉时麻烦

（c）

榫长略小于孔深

比肩略低

（d）

图 3-1 百叶窗的钻孔做榫

（a）百叶眼习惯画法；（b）改进后百叶梃子画法；

（c）按样木制作百叶板；（d）百叶板榫长及比肩要求

孔的要求，就是在百叶两端分别做出与孔对应的两个榫，以便装牢百叶板。

制作时，先画出一块百叶板的样子，定出板的宽窄、长短和榫的大小位置（一般榫宽与板厚一致，榫头是个正方形）。

把刨压好的百叶板按要求的长短、宽窄截好后，用钉子把数块百叶板拼齐整后钉好，按样板锯榫、拉肩、凿夹，就成了可供安装的百叶板了，如图 3-1（c）所示。

要注意榫长应略小于孔深，中间凿去部分应略比肩低，如图 3-1（d），才能避免不严实的情况。

另外，榫是方的，孔是圆的，一般不要把榫棱打去，可以直接把方榫打到孔里去，这样嵌进去的百叶板就不会松动了。

3.5 木门窗安装

3.5.1 门窗洞口测量

木门窗安装前应对门窗洞口进行测量。测量时应以装修完地面、墙面材料后的尺寸为测量基准；若地面、墙面施工未完成，应预留出装修材料的厚度。

1. 洞口净宽度的测量

水平测量洞口尺寸，应选取 5 个测量点进行测量，其中最小值为洞口宽度（内径）尺寸；若其余 4 个点的实测值大于 20mm，则可要求对洞口进行修整。

2. 洞口净高度的测量

垂直测量洞口尺寸，应选取 5 个测量点进行测量，其中最小值为洞口高度尺寸；若其中 4 个点的实测值大于 10mm，则可要求对洞口进行修整。

3. 洞口净厚度的测量

水平测量洞口墙体厚度尺寸，应选取 5 个测量点进行测量，其中最大值为墙体厚度；若其中 4 个点的实测值大于 5mm，则可要求对洞口墙体的厚度进行修整。

3.5.2 木门框与墙体的连接固定

1. 一般规定

采用后塞口的施工工序，洞口与门框间的安装缝隙应在 8～30mm 之间。采用发泡胶安装时，应铲掉墙洞上存在的腻子，发泡胶的环保、粘结性能应符合设计和相关标准的规定。

在厨房、卫生间、地下室等湿度比较大的房间，门套不应与地面直接接触，应留 2～3mm 空隙，然后打玻璃胶进行密封，防止产品受到潮湿；若门套等需要锯部件下口，锯后端面应涂刷防水渗透剂，防止潮湿气浸入。

2. 砖墙与木门框的连接

立门框时砖墙与木门框的连接：用一端为燕尾榫的木砖，将榫伸入木门框的燕尾眼内，砌墙时将木砖砌入墙体内，使其与墙固定，如图 3-2 所示。

嵌门框时砖墙与木门框的连接：在砖墙内预砌木砖其间距，然后用圆钉（长大于 100mm）连接，钉帽应预先拍扁，并送入框内 2mm，如图 3-2 所示。

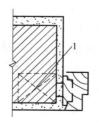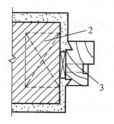

图 3-2　砖墙与木门框的连接
1—燕尾木砖；2—木砖；3—圆钉

3. 混凝土墙与木门框的连接

在混凝土墙内预埋燕尾形木块用圆钉连接，或在洞口墙上木框安装位置钻直径为 12mm、深 80mm 的孔，用木塞钉入孔内，钉后用圆钉连接，如图 3-3 所示。

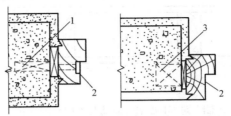

图 3-3　混凝土墙与木门框的连接
1—木塞；2—明钉；3—预埋木块

4. 混凝土小型空心砌块墙与木门框连接

事先在砌块中埋入燕尾形木块、铁件或其他连接件，用细石混凝土灌满捣实，在砌筑时将预埋木块（铁件）的砌块砌在墙体内，安装木框时用圆钉钉牢，如图 3-4 所示。

5. 硅酸盐加气块墙与木门框连接

门洞口两侧不少于一砖范围内，应用实心砖与硅酸盐加气块咬砌并预埋木砖，木门框与木砖用圆钉固定。

6. 木骨架轻质墙与木门框的连接

用圆钉直接固定，如图 3-5 所示。

7. 轻钢骨架墙与木门框的连接

用木螺丝连接，如图 3-6 所示。

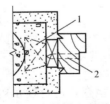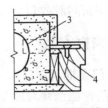

图 3-4　混凝土小型空心砌块与木门框的连接
1—木块；2—圆钉；3—铁件；4—明钉或木螺钉

3.5.3　门套线（门贴脸）的安装

安装门套线前，应先将套板槽口里面的异物清理干净，清理

61

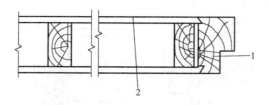

图 3-5　木骨架轻质墙与木门框的连接

1—圆钉；2—轻质墙面层

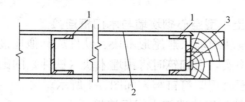

图 3-6　轻钢骨架与木门框的连接

1—轻钢骨架；2—轻质墙面层；3—木螺钉

时槽口边角不能损坏，然后将门套线装入门套（框）开槽内。

在门套线与墙面接触部位应均匀涂防水胶，使门套线与墙体牢固结合，如防水胶溢出，应及时去除。固定在套板上的套线应尽量紧靠墙体；因墙体不垂直或厚度不均导致门套线与墙体有缝隙，缝隙需用密封胶收口。

3.5.4　门窗框安装

1. 先立门窗框（立口）

（1）立门窗框前须对成品加以检查，进行校正规方，钉好斜拉条（不得少于 2 根），无下槛的门框应加钉水平拉条，以防在运输和安装中变形。

（2）立门窗框前要事先准备好撑杆、木橛子、木砖或倒刺钉，并在门窗框上钉好护角条。

（3）立门窗框前要看清门窗框在施工图上的位置、标高、型号、门窗框规格、门扇开启方向、门窗框是里平、外平或是立在墙中等，按图立口。

（4）固定门框的木砖，应先检查是否满涂防腐剂；木砖一端应用有燕尾榫伸入框子燕尾眼内。砌墙时，木砖整个砌入墙内，使其与墙固定。门框木砖每边不少于三块，其间距不大于 1.2m，无走头的门框，应使木砖靠近上冒头及门框下端。

（5）立门窗框时要注意拉通线，撑杆下端要固定在木橛子上。

（6）立框子时要用线坠找直吊正，并在砌筑砖墙时随时检查有否倾斜或移动。

（7）与粉刷层相平的门框安装时，应突出墙面，放出粉刷层的厚度。

（8）立好的门框均须在门框梃等易碰撞的部位，加钉木条或其他保护材料，以防碰坏。

2. 后塞门窗框（后塞口）

（1）后塞门窗框前要预先检查门窗洞口的尺寸、垂直度及木砖数量，如有问题，应事先修理好。

（2）门窗框应用钉子固定在墙内的预埋木砖上，每边的固定点应不少于两处，其间距应不大于 1.2m。

（3）在预留门窗洞口的同时，应留出门窗框走头（门窗框上、下槛两端伸出口外部分）的缺口，在门窗框调整就位后，封砌缺口。

当受条件限制，门窗框不能留走头时，应采取可靠措施将门窗框固定在墙内木砖上。

（4）后塞门框时需注意应处在相同标高地坪上，同高度的门框上部应在同一垂直线上，多层建筑的门在墙中的位置，应在一直线上。安装时，横竖均拉通线，当门框的一面需镶贴脸板时，则门框应凸出墙面，凸出的厚度等于抹灰层的厚度。

（5）寒冷地区门窗框与外墙间的空隙，应填塞保温材料。

3.5.5 木门窗扇安装

1. 木门窗扇安装

（1）安装前检查门窗扇的型号、规格、质量是否设计要求，如发现问题，应事先修好或更换。

（2）安装前先量好门窗框的高低、宽窄尺寸，然后在相应的扇边上画出高低宽窄的线，双扇门窗要打叠（自由门除外），先在中间缝处画出中线，再画出边线，并保证梃宽一致，上下冒头也要划线刨直。

（3）画好高低、宽窄线后，用粗刨刨去线外部分，再用细刨刨至光滑平直，使其合乎设计尺寸要求。

（4）修刨门扇边梃时，应将相对两扇同时修刨，以免门扇边梃宽窄不一。

（5）将扇放入框中试装合格后，按扇高的 $1/8\sim1/10$，在框上按合页大小划线，并剔出合页槽，槽深一定要与合页厚度相适应，槽底要平。

（6）门窗扇安装的留缝宽度，应符合有关标准的规定。

（7）安装好的门扇，必须开关灵活、稳定，不得回弹和反翘，门扇梃面与外框梃面应相平。

2. 后塞口预安窗扇的安装

预安窗扇就是窗框安到墙上以前，先将窗扇安到窗框上，方便操作，提高工效。其操作要点为：

（1）按图纸要求，检查各类窗的规格、质量，如发现问题，应进行修整。

（2）按图纸的要求，将窗框放到支撑好的临时木架（等于窗洞口）内调整，用木拉子或木楔子将窗框稳固，然后安装窗扇。

（3）对推广采用外墙板施工者，也可以将窗扇和纱窗扇同时安装好。

（4）有关安装技术要点与现场安装窗扇要求一致。

（5）装好的窗框、扇，应将插销插好，风钩用小圆钉暂时固定，把小圆钉砸倒，并在水平面内加钉木拉子，码垛垫平，防止变形。

（6）已安好五金的窗框，将底油和第一道油漆刷好，以防止受湿变形。

（7）在塞放窗框时，应按图纸核对，做到平整方直，如窗框边与墙中预埋木砖有缝隙时，应加木垫垫实，用大木螺钉或圆钉与墙木砖联固，并将上冒头紧靠过梁，下冒头垫平，用木楔夹紧。

3.5.6 门窗玻璃安装

（1）门窗玻璃安装顺序，一般先安外门窗，后安内门窗，先西北后东南的顺序安装；如果因工期要求或劳动力允许，也可同时进行安装。

（2）玻璃安装前应清理裁口。先在玻璃底面与裁口之间，沿裁口的全长均匀涂抹 1~3mm 厚的底油灰，接着把玻璃推铺平整、压实，然后收净底油灰。

（3）木门窗玻璃推平、压实后，四边分别钉上钉子，钉子间距 150~200mm，每边不少于 2 个钉子，钉完后用手轻敲玻璃，响声坚实，说明玻璃安装平实；如果响声啪啦啪啦，说明油灰不严，要重新取下玻璃，铺实底油灰后，再推压挤平，然后用油灰填实，将灰边压平压光，并不得将玻璃压得过紧。

（4）木门窗固定扇（死扇）玻璃安装，应先用扁铲将木压条撬出，同时退出压条上小钉，并将裁口处抹上底油灰，把玻璃推铺平整，然后嵌好四边木压条将钉子钉牢，底灰修好、刮净。

（5）安装斜天窗的玻璃，如设计没有要求时，应采用夹丝玻璃，并应从顺留方向盖叠安装。盖叠安装搭接长度应视天窗的坡度而定，当坡度为 1/4 或大于 1/4 时，不小于 30m；坡度小于 1/4 时，不小于 50mm，盖叠处应用钢丝卡固定，并在缝隙中用密封膏嵌填密实；如果用平板或浮法玻璃时，要在玻璃下面加设一层镀锌铅丝网。

（6）门窗安装彩色玻璃和压花，应按照明设计图案仔细裁割，拼缝必须吻合，不允许出现错位、松动和斜曲等缺陷。

（7）安装窗中玻璃，按开启方向确定定位垫块，宽度应大于玻璃的厚度，长度不宜小于 25mm，并应按设计要求。

（8）玻璃安装后，应进行清理，将油灰、钉子、钢丝卡及木压条等随即清理干净，关好门窗。

（9）冬期施工应在已经安装好玻璃的室内作业（即内门窗玻璃），温度应在正温度以上；存放玻璃库房与作业面的温度不能相差过大，玻璃如果从过冷或过热的环境中运入操作地点，应待玻璃温度与室内温度相近后再进行安装；如果条件允许，要先将预先裁割好的玻璃提前运入作业地点。外墙铝合金框扇玻璃不宜冬期安装。

3.5.7　木门窗小五金安装

1. 安装要求

有木节处或已填补的木节处，均不得安装小五金。

安装小五金时，先用手锤将木螺钉打入长度的 1/3，然后用改锥将木螺钉拧紧、拧平，不得歪扭、倾斜。严禁打入全部深度。

采用硬木时，应先钻 2/3 深度的孔，孔径为木螺钉直径的 0.9 倍，然后再将木螺钉由孔中拧入。

2. 合页安装

使用开槽合页时，应在门扇上开合页槽，并注意开启方向，合页槽的大小根据合页在门扇侧边上的所占的位置而定，在操作过程中不应损伤门扇及门套表面部位的油漆。

合页距门窗上、下端宜取立梃高度的 1/10，并避开上、下冒头。安装后应开关灵活。如 1.2m 长的扇，可制作 12cm 长的样板，在口及扇上同时画出一条位置线，这样做比用尺子量快而准，如图 3-7（a）所示。

（1）把合页打开，翻成 90°，合页的上边对准位置线（如果装下边的合页，合页下边对准位置线）。左手按住合页，右手拿小锤，前后打两下（力量不要太大，以防合页变形）。拿开合页后，窗边上就会清晰地印出合页轮廓的痕迹。这就是要凿的合页窝的位置。这个办法比用铅笔画又快又准，如图3-7（b）所示。

（2）用扁铲凿合页窝时，关键是掌握好位置和深度。一般较大的合页深一些，较小的合页浅一些，但最浅也要大于合页的厚度，如图3-7（c）所示。为了保证开关灵活和缝子均匀，窗口上合页窝的里边比外边（靠合页轴一侧）应适当深一些（约0.8mm）。

（3）扇上合页上好后，将门扇立于框口，门扇下用木楔垫住，将门边调直，将合页片放入框上合页槽内，上下合页先各上一个木螺丝，试着开关门扇，检查四周缝隙，一切都合适后，打开门扇，将其他木螺丝上紧。

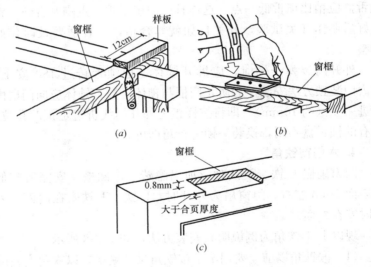

图 3-7 窗扇合页安装

（a）做样板划线；（b）刻痕；（c）合页窝设置

3. 门锁安装

门锁不宜安装在中冒头与立梃的结合处，以防伤榫。根据锁的安装位置，锁孔中心距水平地面高度尺寸宜为900~1000mm；

锁具安装完后应检查门扇、门锁开关是否灵活，应无松动。

确定门锁的安装高度，在门扇上划一条锁的中心线。打开锁的包装盒，盒内有一安装说明和锁孔样板。把样板按线折成 $90°$，贴在门边上对准锁位中心线划好锁芯孔。用钻头或圆凿打出锁芯孔。从门内划好三眼板线，并凿好三眼板槽。在门扇边棱上凿好锁端凹槽。

装锁时，把锁芯穿入垫圈从门外插入锁芯孔，从门里放好三眼板，摆正锁芯，用两个长螺丝把锁芯同三眼板相互栓紧固定。将锁体从门里紧贴于门梃凹槽里，使锁芯板插入锁体孔眼里，试开合适后，将锁体用木螺丝固定在门扇上。

关闭门扇，将锁舌插入锁舌盒里，在门框梃上划出锁舌盒位置，打开门扇依线凿出凹槽，用木螺丝将锁舌盒固定在门框上。锁舌盒应稍比锁舌低一点，这样日久门扇下垂一点刚好合适。锁上好后要作开关试验，开关自如就算合格，不合适要及时作好调整。

外开门装弹子锁时，应拆开锁体，把锁舌转过 $180°$ 安上，按内门装锁方法安装。为防止门框与锁体碰撞，锁体应向门扇内缩进一些（约 10mm），即将按样板上外开门线折边定锁芯孔位。原有的锁舌盒不用，换装一锁舌折角即可。

4. 木门窗铁角

门窗扇嵌 L 铁、T 铁时应加以隐蔽，作凹槽，安完后应低于表面 1mm 左右。门窗扇为外开时，L 铁、T 铁安在内面；内开时安在外面。

现以 L 形铁角为例说明其安装方法，如图 3-8 所示。

（1）嵌铁角以前，要用凿子按铁角尺寸剔槽，以铁角安装后与门窗扇木材面平齐为合适。剔槽过深时会出现凹坑，剔槽过浅会出现铁角外凸，都程度不同地影响外观质量。

（2）铁角嵌在门窗扇的外面还是内面，这是因为门窗扇开启时，手给它一个水平推力，使榫头处受到力的作用。猛开门时，门扇碰到墙角，或开窗后忘记挂风钩，刮风时门窗扇碰墙角都会

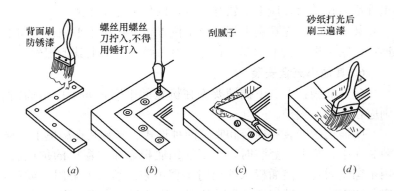

图 3-8　木门窗铁角安装示意图

(a) 背面刷防锈漆；(b) 螺丝拧入；(c) 刮腻子；(d) 刷漆

使门窗扇的榫头受到张力。外开门窗扇，榫头内面受拉力，榫头外面受压力；内开门窗扇，榫头外面受拉力，榫头内面受压力。安装铁角就是帮助榫头承受拉力，达到加固的目的。所以，铁角安装位置应该与门窗扇的开启方向相反。

（3）安装时，铁角的背面要刷防锈漆，螺丝钉要用螺丝刀拧入，不得用锤砸。安后打腻子，用砂纸磨平磨光，同木材面一样刷三遍漆，使外表看不出铁角。

5. 门窗拉手

门窗拉手应位于门窗高度中点以下，窗拉手距地面以 1.5～1.6m 为宜，门拉手距地面以 0.9～1.05m 为宜，门拉手应里外一致。

门窗扇的拉手一般应在装入框中之前装好，否则装起来比较麻烦。

门窗拉手的位置应在中线以下，拉手至门扇边不应少于40mm，窗扇拉手一般在扇梃的中间。弓形拉手和底板拉手一般为竖向安装，管子拉手可平装或斜装。当门上装有弹子门锁时，拉手应装在锁位上面。

同楼层、同规格门窗上拉手安装位置应一致，高低一样。如里外都有拉手时，应上下错开一点，以免木螺丝相碰。

装拉手时，先在扇上划出拉手位置线，把拉手平贴在门扇上逐一上紧木螺丝。上木螺丝宜先上对角两个，再上其他螺丝。

6. 其他小五金安装

(1) 插销：上、下插销要安在梃宽的中间，如采用暗插销，则应在外梃上剔槽。

明插销的安装有横装和竖装两种形式。竖装装在扇梃上，横装装在中冒头上。竖装时，先把插销底板靠在门窗梃的顶或底，用木螺丝固定，使插棍未伸出时不冒出来。然后关上门（或窗）扇，伸出插棍，试好插销鼻的位置，推开门（或窗）扇，把插销鼻在框冒上打一印痕，凿出凹槽，把插销鼻插入固定。如为内开门（或窗）扇，可直接用木螺丝把插销鼻上到框冒内侧表上。横装方法与竖装相同，只需插销转过 90°。

(2) 风钩的安装：风钩应装在窗框下冒头上，羊眼圈装在窗扇下冒头上。窗扇装上风钩后，开启角度以 90°～130° 为宜，扇开启后离墙的距离不小于 10mm 为宜。左右扇风钩应对称，上下各层窗开启后应整齐一致。

装风钩时，先将扇开启，把风钩试一下，将风钩鼻上在窗框下冒头上，再将羊眼圈套在风钩上，确定位置后，把羊眼圈上到扇下冒上。

(3) 门吸：应安装坚实牢固，不应松动。

4 吊 顶 工 程

吊顶主要由基层、悬吊件、龙骨和面层组成。

（1）基层为建筑物结构件，主要为混凝土楼（顶）板或屋架。

（2）悬吊件是悬吊式顶棚与基层连接的构件，一般埋在基层内，属于悬吊式顶棚的支承部分。其材料可以根据顶棚不同的类型选用镀锌铁丝、钢筋、型钢吊杆（包括伸缩式吊杆）等。

（3）龙骨是固定顶棚面层的构件系统，并将承受面层的重量传递给支承部分。

（4）饰面板是顶棚的装饰层，使顶棚达到既具有吸声、隔热、保温、防火等功能，又具有美化环境的效果。

4.1 吊顶施工准备

4.1.1 一般规定

（1）吊顶工程的施工应符合设计要求。吊顶工程施工中，不得擅自改动建筑承重结构或主要使用功能；不得未经设计确认和有关部门批准擅自拆改水、暖、电、燃气、通信等配套设施。

（2）吊顶工程施工，在保证质量、安全等基本要求的前提下，应通过科学管理和技术进步，最大限度地节约资源，减少对环境的负面影响，实现环境保护、节能与节材。

（3）吊顶工程施工应依据吊顶设计施工图的要求，结合现场实际情况确定吊杆吊点、龙骨位置、间距及安装顺序，并应绘制面板排板图、各连接处施工构造详图和龙骨体系图。

（4）所有材料进场时应对品种、规格、外观和尺寸进行验收。材料包装应完好，应有产品合格证书、说明书及相关性能的检测报告。所用的材料在运输、搬运、存放、安装时应采取防止挤压冲击、受潮、变形及损坏板材的表面和边角的措施。需要复试的材料，应进行见证取样复试，合格后方能使用。

（5）施工现场环境温度不宜低于5℃。

（6）吊顶施工中各专业工种应加强配合，做好专业交接，合理安排工序，保护好已完成工序的半成品及成品。不应在面板安装完毕后裁切龙骨。需要切断次龙骨时，须在设备周边用横撑龙骨加强。

（7）吊杆的锚固件、吊杆与吊件的连接，以及龙骨与吊杆、龙骨与饰面材料的连接应安全可靠，满足设计要求。

（8）吊杆、龙骨及配件、面板及吊顶内填充的吸声、保温、防火等材料的品种、规格及安装方式应符合设计要求。吊顶内填充材料应有防止其散落、性能改变或造成环境污染的措施。

（9）吊顶内的钢筋、型钢吊杆及钢结构转换层应进行防腐处理。

（10）吊顶面板施工，应具备下列条件：

1）在吊顶内的各种管道、设施等隐蔽项目经检验合格。

2）外围护结构封闭。

3）屋面或楼面的防水层工程已完成且验收合格。

4）室内潮湿性的工程均已完成且已干燥。

5）吊顶内其他专业工程已完成。

（11）吊顶系统宜按下列顺序安装：

1）确定室内标高基准线及纵横轴线定位。

2）安装边龙骨。

3）在室内顶板结构下弹出吊点位置。

4）安装吊杆及吊件。

5）安装龙骨及挂件、连接件。

6）安装面板及填充材料的放置。

7）面板装饰。

4.1.2 材料要求

（1）吊顶工程所用的木龙骨、轻钢龙骨、铝合金龙骨及其配件必须符合设计要求及国家、地方现行有关标准的规定。金属龙骨尚应附产品合格证及组装方法说明。

（2）木龙骨所用木材，必须按设计要求选用相应的树种、材质等级、控制含水率和进行防腐、防虫处理。

（3）用木材含水率测定仪测量木材含水率时，因仪器测深仅能达到木材表层 30mm，因此，在检测选点时应有代表性，如需对木料全截面各处测含水率时，应将木料端头截 200mm，并立即量测。

（4）罩面板的种类繁多、性能各异、档次不一，除必须按设计要求和国家现行有关标准选用外，对各种罩面板均要求表面平整，边缘整齐，色泽一致，不应有气泡、起皮、裂纹、污垢、划痕、翘曲和图案不完整等缺陷，穿孔的孔距应排列整齐，暗装的吸声材料应有防散落措施。胶合板、木质纤维板不应脱胶、变色和腐朽。

（5）安装罩面板、龙骨用的钉子、螺栓应采用镀锌制品。锚固件、连接件及与砌体、混凝土接触的各种材料以及预埋的木砖（宜为楔形），均应作防腐处理。

（6）胶粘剂的类型，必须按设计要求、产品说明、材质证明与所用罩面板、龙骨对照、配套使用。如在现场配制，配合比应由试验确定。当胶粘剂用于湿度较大的房间时，应选用具有防潮（水）、防霉性能的产品，且应具备下列性能：

1）稳定性。将试件浸渍于指定的介质、温度、时间，视其强度变化能否满足相应要求。

2）耐久性（耐老化）。粘结强度会因时间增长而其耐久性能逐渐老化而逐渐损失。

3）耐温性。根据要求和在使用条件下的相应温度范围内（包括耐热、耐寒及耐高温、低温交替变化），性能变化能否满足。当暴晒于室外的粘接件，尚应具备有耐风霜、日照、雨雪及温度变化的耐候性。

4）耐化学性。在化学介质影响下，胶粘剂不会发生溶解、膨胀、腐蚀老化的情况。

（7）吊顶工程中所使用木材、板材及胶粘剂质量应符合《民用建筑工程室内污染控制规范》GB 50325 的有关规定。

4.2 龙骨的分类、安装与调平

4.2.1 龙骨的分类

吊顶龙骨是用来支撑各种饰面造型、固定结构的组成吊顶系统骨架的主要构件。其分类如下：

1. 根据龙骨在龙骨架构中的作用分类

根据龙骨在龙骨架构中的作用不同又分主龙骨、次龙骨、横撑龙骨、边龙骨等。

（1）主龙骨（也称承载龙骨）：吊顶龙骨骨架中主要受力构件。

（2）次龙骨（也称覆面龙骨）：吊顶龙骨骨架中连接主龙骨及固定面板的构件。

（3）横撑龙骨：在次龙骨骨架中起横撑及固定面板作用的构件。

（4）边龙骨（也称收边龙骨）：吊顶龙骨骨架中与墙相连的构件。常用的有 W 型、L 型、U 型、V 型等。

2. 根据龙骨制作材料分类

根据制作材料的不同，可分为木龙骨、轻钢龙骨、铝合金龙骨、钢龙骨等。

（1）木龙骨：吊顶骨架采用木骨架的构造形式。使用木龙骨其优点是加工容易、施工方便，容易做出各种造型，但因其防火性能较差只能适用于局部空间内使用。

（2）轻钢龙骨：轻钢龙骨是指以连续热镀锌钢板（带）或以连续热镀锌钢板（带）为基材的彩色涂层钢板（带）作原料，采用冷弯或滚压成型工艺生产的薄壁型钢的龙骨。按其断面形式不同有：U型、C型、T型、V型、L型、H型、A型、W型、Z型等龙骨。按其在龙骨构架中所起的作用，常用做主龙骨的有U型、C型、T型、V型；常用做次龙骨的有C型、T型、V型；L型、Z型常用做边龙骨用。T型龙骨又分宽带、窄带、凹槽、凸型等类型。现工程中出现的"组合T型龙骨"是指以铝合金型材为装饰部件，与采用冷弯工艺制成的T型轻钢龙骨扣接成一体的龙骨。A型龙骨常用在金属板吊顶暗龙骨系统中。

轻钢龙骨吊顶施工速度快，装配化程度高，轻钢骨架是吊顶装饰最常用的骨架形式。每种类型的轻钢龙骨都应配套使用。

轻钢龙骨的缺点是不容易做成较复杂的造型。

（3）铝合金龙骨吊顶：铝合金龙骨是指以铝合金为原料，采用挤压成型或滚压成型工艺制成的龙骨。铝合金龙骨常与活动面板配合使用，其主龙骨多采用U60、U50、U38系列及厂家定制的专用龙骨，其次龙骨则采用T型及L型的合金龙骨，次龙骨主要承担着吊顶板的承重功能，又是饰面吊顶板装饰面的封、压条。铝合金龙骨因其材质特点不易锈蚀，但刚度较差容易变形。

3. 根据吊顶的荷载情况分类

根据吊顶的荷载情况，分为承重及不承重龙骨（即上人龙骨和不上人龙骨）等。上人龙骨及有重型荷载的龙骨一般多为"UC"系列，常见的有UC60双层龙骨系列及型钢龙骨。

4. 按龙骨与饰面板的位置关系分类

按龙骨与饰面板的位置关系，可分为明龙骨、暗龙骨。

明龙骨是将饰面板浮搁在合金龙骨或轻钢龙骨上，属于活动式吊顶，如图4-1所示，此类吊顶一般不上人，悬吊方式比较简单，采用伸缩式吊杆悬吊即可，表现形式是外露型或半露型，饰面板以矿棉板、金属板为主。

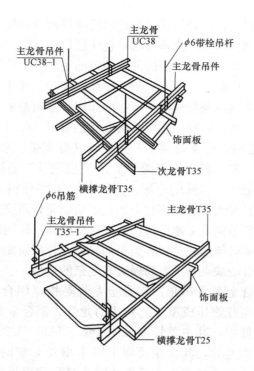

图 4-1　明龙骨吊顶

暗龙骨是龙骨隐蔽于面层饰面板内,不外露于装饰空间,龙骨大多采用 U 型和 T 型的轻钢龙骨、铝合金龙骨,在设计为上人龙骨的情况下可使用钢龙骨,饰面板与龙骨的连接方式为企口暗缝连接、卡件连接、螺栓连接,其构造为金属吊杆(吊索)、主龙骨、副龙骨、装饰面板,如图 4-2 所示。

4.2.2　木龙骨的安装

木龙骨系统又分为主龙骨、次龙骨、横撑龙骨,木龙骨规格范围为 60mm×80mm～20mm×30mm。在施工中应作防火、防腐处理。木龙骨吊顶的构造形式,如图 4-3 所示。

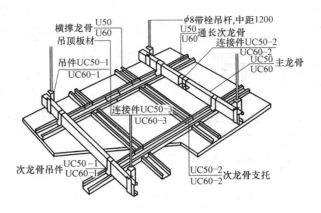

横撑龙骨 U50
U60
吊顶板材
吊件UC50-1
UC60-1
φ8带栓吊杆,中距1200
U50
U60 通长次龙骨
连接件UC50-2
UC60-2
UC50 主龙骨
UC60
连接件UC50-3
UC60-3
次龙骨吊件 UC50-1
UC60-1
UC50-2 次龙骨支托
UC60-2

图 4-2 暗龙骨吊顶

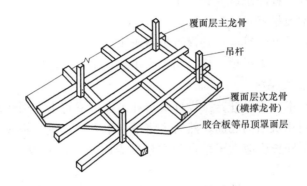

覆面层主龙骨

吊杆

覆面层次龙骨
(横撑龙骨)

胶合板等吊顶罩面层

图 4-3 木龙骨吊顶

1. 弹线

(1) 根据室内墙上 500mm 水平线,用尺量至顶棚的设计标高,在四周墙上弹线,作为顶棚四周的标高线。弹线应清楚,位置应准确。

(2) 注水法:用一条塑料透明软管灌满水后,将软管的一端水平面对准墙面上的高度线,再用软管另一端头内水平面,在同侧墙面找出高度线的另一点。当软管两端头内水平面静止在同一平面时,画下该点的水平位置,再将这两点连一直线,即得吊顶

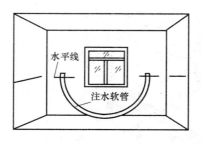

图 4-4 水平标高线的测定示意图

高度水平线。用同样的方法在其他墙面上同样可以做出高度水平线，如图 4-4 所示。

（3）亦可用激光标线仪确定水平或垂直线。

2. 吊点位置的确定

（1）吊顶的吊点，按设计要求均匀布置。

（2）有叠级（天棚两个表面不在同一平面上）造型的天花吊顶应在叠级交界处布置吊点，两点间距宜为 0.8～1.2m。

（3）吊杆距承载龙骨（主龙骨）端部距离不应超过 300mm，否则应增设吊杆。

（4）重型灯具应单独设置吊点来吊挂。

（5）上人木吊顶，应适当加密吊点，吊点要牢固。

3. 安装吊杆

（1）木龙骨吊杆：按设计要求和吊点位置将木方用螺栓或射钉固定到建筑结构底面，然后再将吊杆木方与建筑结构底面木方钉牢。吊杆长度应大于吊点与木格栅表面之间距离 100mm 左右便于调整高度。

（2）角铁、扁铁吊杆：安装方法，如图 4-5 所示。

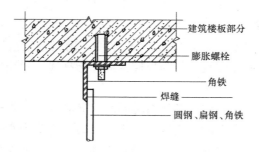

图 4-5 扁铁、角铁（圆钢）吊杆与顶棚连接

4. 安装木龙骨（格栅）

（1）沿吊顶标高线固定沿墙边龙骨：

混凝土墙面，可用水泥钉将木龙骨固定在墙面上。

砖墙面，先用冲击钻在墙面标高以上 10mm 处打孔，孔的直径应大于 12mm，在孔内下木楔，木楔的直径应稍大于孔径。木楔和墙面应保持在同一平面，木楔间距宜为 0.5～0.8m。然后将边龙骨用钉固定到木楔上。边龙骨固定后其底边与吊顶标高线应一平。

（2）在地面拼接木格栅（木龙骨架）：

先把吊顶面上需分片或可以分片的尺寸位置定出，根据分片的尺寸进行拼接前安排。

拼接时将木龙骨在长木方向上按中心线距 300mm 左右的尺寸开出凹槽，如图 4-6 所示。然后按凹槽对凹槽的方法拼接，在拼口处用圆钉加胶粘剂固定。

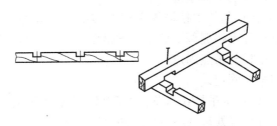

图 4-6　长木方向开槽及固定方法

通常先拼接大片的木格栅，其后再拼接小片的木格栅，如图 4-7 所示。但木格栅最大片不应大于 $10m^2$。

（3）分片吊装：

1）平面吊顶的吊装：先从一个墙角位置开始，将拼接好的木格栅托起至吊顶标高位置。对于高度低于 3m 的吊顶木格栅，可在木格栅举起后用高度定位杆支撑。使格栅的高度略高于吊顶标高线；高度大于 3m 时，宜用铁丝在吊点上做临时固定。

2）用尼龙线沿吊顶标高线拉出平行和十字交叉的几条标高

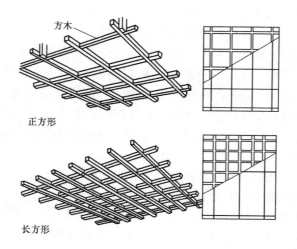

方木

正方形

长方形

图 4-7 木格栅拼接

基准线——吊顶的平面基准线。

3）然后将托起的木格栅慢慢往下移动，使格栅与平面基准线平齐。待整片木格栅调平后，将木格栅靠墙部分与沿墙边龙骨钉接，再将吊杆与吊点固定。

（4）与吊杆固定：

1）木吊杆：木吊杆在木龙骨的两侧固定后再截去多余部分。吊杆与木龙骨钉接处每处不应少于两只铁钉。

2）角铁吊杆：上人棚面，常用角铁做吊杆与木格栅固定连接。在角铁的端头钻 2～3 个孔做调整。角铁在木格栅的角位上，用两只木螺钉固定。

3）扁铁吊杆：将扁铁的长度先测量截好。与吊点固定端钻出两个调整孔，以便调整木格栅的高度。扁铁与木龙骨用 2 只木螺钉固定。扁铁端头不得长出木格栅下平面。

（5）分片间的连接：

两分片木格栅在同一平面对接。先将木格栅的各端头对正，然后用短木方进行加固。对于重要部位或有上人要求的吊顶，应用铁件进行连接加固。

对分片木格栅不在同一平面的高低面连接。先用一条木方将上下两平面木格栅架斜向定位。再将上下平面的木格栅用垂直的木方条固定连接，如图 4-8 所示。

（6）预留灯具孔、空调风口、检修口位置。

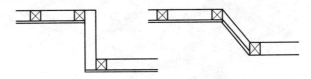

图 4-8   不在同一平面迭级吊顶连接

（7）整体调整：各个分片木格栅连接加固完后，在整个吊顶面下用尼龙线拉出十字交叉标高线，检查吊顶平面的平整度。吊顶应按设计要求起拱。

5. 防腐、防火处理

木龙骨安装完毕应对金属吊杆进行防腐处理（也可在安装前防腐），同时按设计要求对木吊杆及木龙骨进行防火处理。

顶棚所有露明的铁件，钉罩面板前未作防锈处理的必须刷好防锈漆，木骨架与结构接触面应进行防腐处理。

4.2.3　轻钢龙骨的安装

轻钢龙骨构造形式，如图 4-9 所示。

1. 测量放线定位

在结构基层上，按设计要求弹线，确定主龙骨吊点间距及位置。主龙骨端部或接长部位要增设吊点。有些较大面积的吊顶（如音乐厅、比赛厅等），龙骨和吊点间距应进行单独设计和验算。

当选用 U 型或 C 型龙骨作为主龙骨时，端吊点距主龙骨顶端不应大于 300mm，端排吊点距侧墙间距不应大于 150mm。当选用 T 型龙骨作为主龙骨时，端吊点距主龙骨顶端不应大于 150mm，端排吊点距侧墙间距不应大于一块面板宽度。吊点横

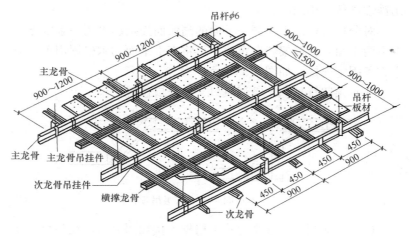

图 4-9 轻钢龙骨吊顶

纵应在直线上，当不能避开灯具、设备及管道时，应调整吊点位置或增加吊点或采用钢结构转换层。

确定吊顶标高：在墙面和柱面上，按吊顶高度要求弹出标高线。弹线应清楚，位置准确，其水平允许偏差±5mm。

2. 吊杆及吊件固定

吊杆长度应根据吊顶设计高度确定。根据不同的吊顶系统构造类型，确定吊装形式，选择吊杆类型。吊杆应通直并满足承载要求。吊杆接长时，应搭接焊牢，焊缝饱满。搭接长度：单面焊为 $10d$，双面焊为 $5d$。全牙吊杆接长时，可以焊接，也可以采用专用连接件连接。

不上人的吊顶，吊杆（吊索）长度小于 1000mm，宜采用 $\phi6$ 的吊杆（吊索），如果大于 1000mm，宜采用 $\phi8$ 的吊杆（吊索），如果吊杆（吊索）长度大于 1500mm，还应在吊杆（吊索）上设置反向支撑。上人的吊顶，吊杆（吊索）长度小于等于 1000mm，可以采用 $\phi6$ 的吊杆（吊索），如果大于 1000mm，则宜采用 $\phi10$ 的吊杆（吊索），如果吊杆（吊索）长度大于 1500mm，同样应在吊杆（吊索）上设置反向支撑，如图 4-10 所示。

（1）吊索（钢丝吊杆）：在吊点位置钉入膨胀螺栓（或带孔射钉），然后用镀锌铁丝连接固定；钢丝吊杆与顶板预埋件或后置紧固件应采用直接缠绕方式，钢丝穿过埋件吊孔在 75mm 高度内应绕其自身紧密缠绕三整圈以上。钢丝吊杆中间不应断接。

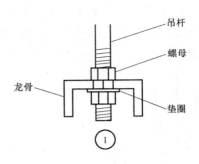

图 4-10　吊杆上设反向支撑

钢丝下端与 T 型主龙骨的连接应采用直接缠绕方式。钢丝穿过 T 型主龙骨的吊孔后 75mm 的高度内应绕其自身紧密缠绕三整圈以上。

钢丝要符合现行国家标准《一般用途低碳钢丝》GB/T 343 的规定。钢丝直径大于 2mm，经退火和镀锌处理、拔直，按所需长度截断，成捆包装。钢丝吊杆与顶板预埋件或后置紧固件连接方式，如图 4-11 所示；钢丝吊杆与主龙骨连接方式，如图 4-12 所示。

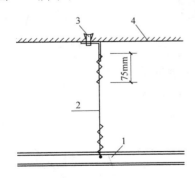

图 4-11　钢丝吊杆与顶板预埋件或后置紧固件连接方式节点图
1—主龙骨；2—钢丝；
3—膨胀螺栓；4—结构顶板

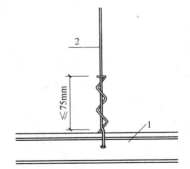

图 4-12　钢丝吊杆与主龙骨连接节点图
1—主龙骨；2—钢丝

钢丝的下端与主龙骨连接方式，如钢丝因障碍物而无法垂直安装时，可在 1∶6 的斜度范围内调整，如图 4-13 所示；或采用斜拉法，如图 4-14～图 4-16 所示。

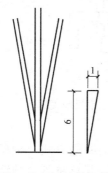

图 4-13　钢丝吊杆斜
吊节点图

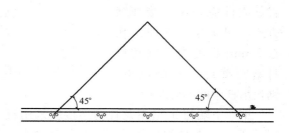

图 4-14　钢丝吊杆斜拉节点图一

注：允许采用的斜拉方法一，最小角度 45°

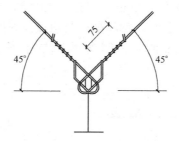

图 4-15　钢丝吊杆斜拉节点图二

注：允许采用的斜拉方法二，最小角度 45°

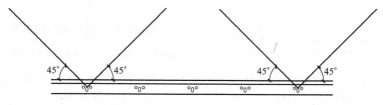

图 4-16　钢丝吊杆斜拉节点图三

注：允许采用的斜拉方法三，最小角度 45°

（2）全牙吊杆：吊杆端头螺纹部分长度不应小于30mm，以便于有较大的调节量。全牙吊杆、烤漆龙骨直吊件与顶板紧固件连接方式，如图4-17所示。

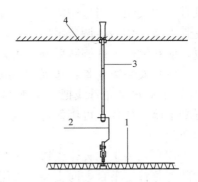

图 4-17　全牙吊杆、烤漆龙骨直吊件与顶板紧固件连接方式节点图
1—矿棉吸声板；2—烤漆龙骨直吊件；
3—全牙吊杆；4—结构顶板

（3）龙骨在遇到断面较大的机电设备或通风管道时，应加设吊挂杆件，即在风管或设备两侧用吊杆（吊索）固定角铁或者槽钢等刚性材料作为横担，跨过梁或者风管设备。再将吊杆（吊索）用螺栓固定在横担上形成跨越结构，如图4-18所示。

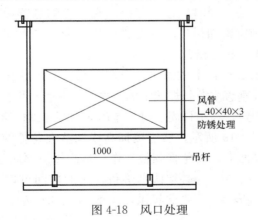

图 4-18　风口处理

（4）吊杆（吊索）距主龙骨端部距离不得超过300mm，否则应增加吊杆（吊索）。

（5）吊顶灯具、风口及检修口等应设附加次龙骨及吊杆（吊索）。

3. 龙骨的安装与调平

龙骨安装顺序，应先安装主龙骨后安次龙骨，但也可主、次龙骨一次安装。当选用的主龙骨加长时，应采用接长件连接。主龙骨安装完毕后，调节吊件高度，调平主龙骨。当选用钢丝吊杆时，应在钢丝吊杆绷紧后调平主龙骨。

（1）安装边龙骨：边龙骨的安装应按设计要求弹线，沿墙（柱）上的水平龙骨线把L形镀锌轻钢条用自攻螺钉固定；如为混凝土墙（柱）上可用射钉固定，射钉间距应不大于吊顶次龙骨的间距。

（2）安装主龙骨：当选用U型或C型主龙骨时，次龙骨应紧贴主龙骨，垂直方向安装，采用挂件连接并应错位安装，T型横撑龙骨垂直于T型次龙骨方向安装。当选用T型主龙骨时，次龙骨与主龙骨同标高，垂直方向安装，次龙骨之间应平行，相交龙骨应呈直角。

龙骨间距应准确、均衡，T型龙骨按矿棉板等面板模数确定，保证面板四边放置于T型龙骨或L型龙骨上。主龙骨宜平行房间长向安装，同时应适当起拱。主龙骨的悬臂段不应大于300mm，否则应增加吊杆。主龙骨的接长应采取对接，相邻龙骨的对接接头要相互错开。

跨度大于15m以上的吊顶，应在主龙骨上，每隔15m加一道大龙骨，并垂直主龙骨焊接牢固。先将大龙骨与吊杆（或镀锌铁丝）连接固定，与吊杆固定时，应用双螺帽在螺杆穿过部位上下固定，如图4-19所示。然后按标高线调整大龙骨的标高，使其在同一水平面上。大龙骨调整工作，是确保吊顶质量的关键，必须认真进行。大的房间可以根据设计要求起拱，一般为1/300左右。大龙骨的接头位置，不允许留在同一直线上，应适当错开。

主龙骨调平一般以一个房间为单元。调整方法可用6cm×6cm方木按主龙骨间距钉圆钉，再将长方木条横放在主龙骨上，并用铁钉卡住各主龙骨，使其按

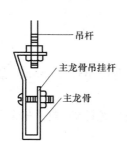

图4-19　主龙骨连接图

规定间隔定位，临时固定，如图 4-20 所示。方木两端要顶到墙上或梁边，再按十字和对角拉线，拧动吊杆螺栓，升降调平，如图 4-21 所示。

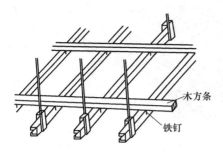

图 4-20　主龙骨定位方法

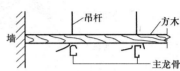

图 4-21　主龙骨固定调平示意图

如有大的造型顶棚，造型部分应用角钢或扁钢焊接成框架，并应与楼板连接牢固。

吊顶如设检修走道，应另设附加吊挂系统，用 10mm 的吊杆与长度为 1200mm 的L150×8 角钢横担用螺栓连接，横担间距为 1800～2000mm，在横担上铺设走道，可以用С63×40×4.8×7.5 槽钢两根间距 600mm，之间用 10mm 的钢筋焊接，钢筋的间距为@100，将槽钢与横担角钢焊接牢固，在走道的一侧设有栏杆，高度为 900mm 可以用С50×4 的角钢做立柱，焊接在走道С63×40×4.8×7.5 槽钢上，之间用—30×4 的扁钢连接，如图 4-22 所示。

（3）安装次龙骨：次龙骨分为 T 型烤漆龙骨、T 型铝合金龙骨，和各种条形扣板厂家配带的专用龙骨。

次龙骨应紧贴主龙骨安装，其位置一般应按装饰板材的尺寸在大龙骨底部弹线，用挂件固定，并使其固定严密，不得有松动。为防止大龙骨向一边倾斜，吊挂件安装方向应交错进行。

次龙骨间距 300～600mm。用 T 形镀锌铁片连接件把次龙骨固定在主龙骨上时，次龙骨的两端应搭在 L 型边龙骨的水平翼缘上。

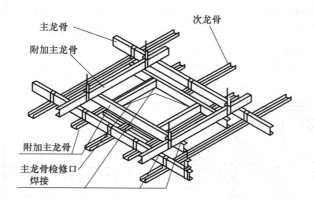

图 4-22　上人吊顶检修孔

次龙骨不得搭接。在通风、水电等洞口周围应设附加龙骨，附加龙骨的连接用拉铆钉铆固。

（4）横撑龙骨安装：横撑龙骨下料尺寸要比名义尺寸小 2～3mm，其中距视装饰板材尺寸决定，一般安置在板材接缝处。

横撑龙骨应用次龙骨截取。安装时将截取的次龙骨的端头插入挂插件，扣在纵向龙骨上，并用钳子将挂搭弯入纵向龙骨内，组装好后，纵向龙骨和横撑龙骨底面（即饰面板背面）要求一平。

（5）灯具处理：一般轻型灯具可固定在次龙骨或附加的横撑龙骨上；重型的应按设计要求决定，而不得与轻钢龙骨连接。

4.2.4　铝合金龙骨的安装

铝合金吊顶龙骨一般多为 T 型，根据其罩面板安装方式的不同，分龙骨底面外露和不外露两种。LT 型铝合金吊顶龙骨属于安装罩面板后龙骨底面外露的一种。这种龙骨配以轻钢龙骨，可组成上人或不上人的吊顶，如图 4-23 所示。

根据设计要求，选用铝合金龙骨主、配件，并准备好固结材料和施工机具。

1. 测量放线定位

（1）测量放线与轻钢龙骨相同。

（2）按位置弹出标高线后，沿标高线固定角铝（边龙骨），角铝的底面与标高线齐平。角铝的固定方法可以水泥钉直接将其钉在墙、柱面或窗帘盒上，固定位置间隔为 400~600mm。

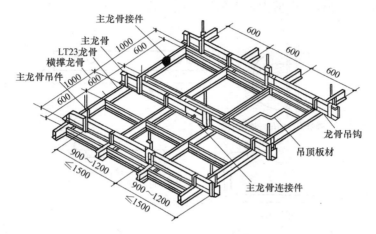

图 4-23　LT 型铝合金龙骨吊顶安装

（3）龙骨的分格定位，应按饰面板尺寸确定，其中心线间距尺寸，一般应大于饰面板尺寸 2mm 左右。

应尽量保证龙骨分格的均匀，但也会出现不可能完全按龙骨分格尺寸等分，因此会出现非标准尺寸（称收边分格）的处理问题，处理方法有以下两种：

1）将收边分格放在吊顶（以一个房间为例）四周。

2）将收边分格放在不被人注意的次要部位。

（4）龙骨分格的安排确定后，将定位的位置画在墙上。

2. 吊件的固定

铝合金龙骨吊顶的吊件，可使用膨胀螺钉或射钉固定角钢块，通过角钢块上的孔，将吊挂龙骨用的镀锌铁丝绑牢在吊件上。镀锌铁丝不能太细，如使用双股，可用 18 号铁丝，如果用单股，宜使用不小于 14 号铁丝。

也可以用伸缩式吊杆。伸缩式吊杆的型式较多，较为普遍的是 8 号铁丝调直，用一个带孔的弹簧钢片将两根铁丝连接起来，调节与固定主要是靠弹簧钢片。用力压弹簧钢片时，将弹簧钢片两端的孔中心重合，吊杆就可伸缩自由。当手松开后，孔中心错位，与吊杆产生剪力，将吊杆固定。其形状如图 4-24 所示。

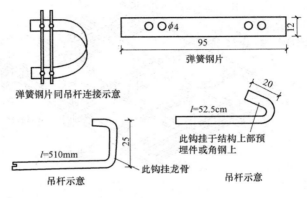

图 4-24　伸缩式吊杆配件

3. 龙骨的安装与调平

安装时先将各条主龙骨吊起后，在稍高于标高线的位置上临时固定，如果吊顶面积较大，可分成几个部分吊装。然后在主龙骨之间安装次（中）龙骨（横撑），横撑的截取长度等于龙骨分格尺寸。一般用刨光的木方或铝合金条按龙骨间隔尺寸做出量规，作为龙骨分格定位，截取和安装横撑的依据。

主龙骨与横撑龙骨的连接方式通常有三种：

（1）在主龙骨上部开半槽，在次龙骨的下部开出半槽，并在主龙骨半槽两侧各打出一个 $\phi3$ 的圆孔，如图 4-25 所示。安装时将主、次龙骨半槽上接起来，然后用 22 号细铁丝穿过主龙骨上的小孔，把次龙骨扎紧在主龙骨上。注意龙骨上的开槽间隔尺寸必须与龙骨架分格尺寸一致。安装方法，如图 4-26 所示。

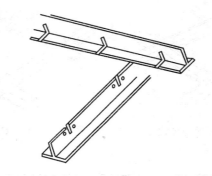

图 4-25　主次龙骨开槽方法

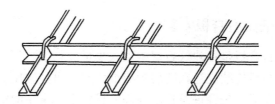

图 4-26　龙骨安装方法之一

（2）在分段截开的次龙骨上用铁皮剪刀剪出连接耳，在连接耳上打孔，通常打 $\phi4.2$ 的孔可用 $\phi4$ 铝芯铆钉固定或打 $\phi3.8$ 的孔用 M4 自攻螺钉固定，连接耳形式，如图 4-27 所示。安装时将连接耳弯成 90°直角，在主龙骨上打出相同直径的小孔，再用自攻螺钉或铝芯铆钉将次龙骨固定在主龙骨上，如图 4-28 所示。

（3）在主龙骨上打出长方孔，两长方孔的间隔距离为分格尺寸。安装前用铁皮剪刀剪出中（次）龙骨上的连接耳。安装次龙骨时只要将次龙骨上的连接耳插入主龙骨上长方孔，再弯成 90°即可。每个长方孔内可插入两个连接耳。安装形式，如图 4-29 所示。图 4-27　次龙骨连接耳做法

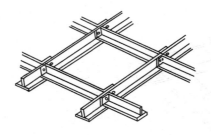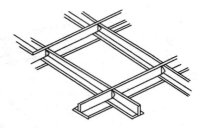

図 4-28　龙骨安装方法之二　　　　图 4-29　龙骨安装方法之三

4.3　纸面石膏板、埃特板、木饰面板安装

4.3.1　纸面石膏板安装

　　纸面石膏板是在建筑石膏中加入少量胶粘剂、纤维、泡沫剂等与水拌合后连续浇注在两层护面纸之间，再经辊压、凝固、切割、干燥而成。是轻钢龙骨吊顶饰面材料中最常用的罩面板，根据设计使用要求，可分别选用普通纸面石膏板、防火纸面石膏板和防潮纸面石膏板，常用厚度有 9.5mm、12mm。

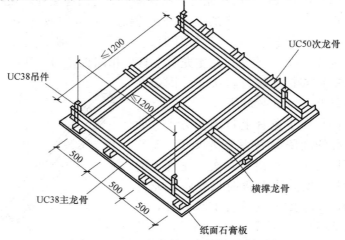

图 4-30　不上人龙骨石膏板吊顶透视图

纸面石膏装饰吸声板，主要用于吊顶的面层，它的主要形状为正方形，多用于活动式装配吊顶。其安装如图 4-30～图 4-32 所示。

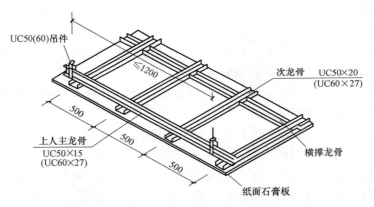

图 4-31　上人龙骨石膏板吊顶透视图

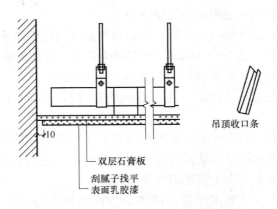

图 4-32　双层纸面石膏板吊顶详图

1. 施工要点

　　（1）面板安装前，应进行吊顶内隐蔽工程验收，并应在所有项目验收合格且建筑外围护封闭完成后方可进行面板安装施工。

　　（2）面板类型的选择应按照设计施工图要求进行。面板安装时，正面朝外，面板长边与次龙骨垂直方向铺设。穿孔石膏板背面应有背覆材料，需要施工现场贴覆时，应在穿孔板背面施胶，不得在背覆材料上施胶。

（3）面板的安装固定应先从板的中间开始，然后向板的两端和周边延伸，不应多点同时施工。相邻的板材应错缝安装。穿孔石膏板的固定应从房间的中心开始，固定穿孔板时应先从板的一角开始，向板的两端和周边延伸，不应多点同时施工。穿孔板的孔洞应对齐，无规则孔洞除外。

（4）面板应在自由状态下用自攻枪及高强自攻螺钉与次龙骨、横撑龙骨固定。

（5）自攻螺钉间距和自攻螺钉与板边距离应符合下列规定：纸面石膏板四周自攻螺钉间距不应大于 200mm；板中沿次龙骨或横撑龙骨方向自攻螺钉间距不应大于 300mm；螺钉距板面纸包封的板边宜为 10～15mm；螺钉距板面切割的板边应为 15～20mm。穿孔石膏板、石膏板、硅酸钙板、水泥纤维板自攻钉钉距和自攻钉到板边距离应按设计要求。

（6）自攻螺钉应一次性钉入轻钢龙骨并应与板面垂直，螺钉帽宜沉入板面 0.5～1.0mm，但不应使纸面石膏板的纸面破损暴露石膏。弯曲、变形的螺钉应剔除，并在相隔 50mm 的部位另行安装自攻螺钉。固定穿孔石膏板的自攻钉不得打在穿孔的孔洞上。

（7）面板的安装不应采用电钻等工具先打孔后安装螺钉的施工方法。当选用穿孔纸面石膏板作为面板，可先打孔作为定位，但打孔直径不应大于安装螺钉直径的一半。

（8）当设计要求吊顶内添加岩棉或玻璃棉时，应边固定面板、边添加。按照要求码放，与板贴实，不应架空，材料之间的接口应严密。吸声材料应保证干燥。

（9）设备洞口应根据施工图要求开设。开孔应用开孔器。

2. 双层石膏板铺设

（1）基层纸面石膏板的板缝宜采用嵌缝材料找平，自攻螺钉的间距应符合设计要求。

（2）面层纸面石膏板的板缝应与基层板的板缝错开，且石膏板的长短边应各错开不小于一根龙骨的间距。

（3）面层纸面石膏板短边方向的加长自攻螺钉应一次性钉入轻钢龙骨，间距宜为 200mm，且自攻螺钉的位置应与上层板上自攻螺钉的位置错开。板缝应做嵌缝处理。

（4）两层石膏板间宜满刷白乳胶粘贴。

3. 接缝处理

纸面石膏板的接缝及收口应按板缝处理，如图 4-33 所示。纸面石膏板的接缝处理应符合下列规定：

（1）纸面石膏板的嵌缝应选用配套的与石膏板相互粘贴的嵌缝材料。

（2）相邻两块纸面石膏板的端头接缝坡口应自然靠紧。在接缝两边涂抹嵌缝膏作基层，将嵌缝膏抹平。

（3）纸面石膏板的嵌缝应刮平粘贴接缝带，再用嵌缝膏覆盖，并应与石膏板面齐平。第一层嵌缝膏涂抹宽度宜为 100mm。

（4）第一层嵌缝膏凝固并彻底干燥后，应在表面涂抹第二层嵌缝膏。第二层嵌缝膏宜比第一层两边各宽 50mm，宽度不宜小于 200mm。

（5）第二层嵌缝膏凝固并彻底干燥后，应在表面涂抹第三层嵌缝膏。第三层嵌缝膏宜比第二层嵌缝膏各宽 50mm，宽度不宜小于 300mm。待彻底干燥后磨平。

（6）不是楔形板边的纸面石膏板拼接时，板头应切坡形口，嵌缝腻子面层宽度不宜小于 200mm。

（7）复合矿棉板的接缝与石膏板基底材料的接缝不应重叠。

（8）穿孔石膏板的接缝不应将孔洞遮盖住，相邻板缝孔洞距离小于接缝带宽度时宜采用无接缝带接缝技术，接缝宽度不应影响装饰效果和吸声的需要。

4. 转角处理

阴角角缝应用接缝石膏填实，待完全干燥后用细砂纸或电动打磨器打磨平整。

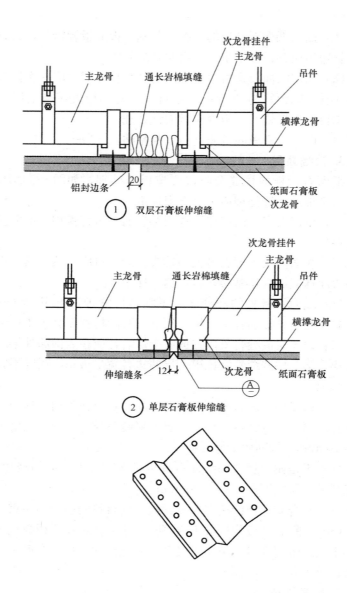

① 双层石膏板伸缩缝

主龙骨　通长岩棉填缝　次龙骨挂件　主龙骨　吊件　横撑龙骨

铝封边条　20　纸面石膏板　次龙骨

② 单层石膏板伸缩缝

次龙骨挂件　主龙骨　吊件　横撑龙骨

主龙骨　通长岩棉填缝

伸缩缝条　12　次龙骨　纸面石膏板　Ⓐ

Ⓐ　伸缩缝条示意

图 4-33　吊顶接缝处理

阳角角缝应用金属护角固定保护，固定钉距不应大于200mm。护角表面应用接缝石膏满覆，不得外露，待完全干燥后用细砂纸或电动打磨器打磨平整。

5. 面板装饰

　　（1）自攻螺钉帽沉入板面后应进行防锈处理并用石膏腻子刮平。

　　（2）板与板接缝处应刮嵌缝材料、贴接缝带、刮腻子后砂纸打平，应用与不同饰面材料配套的界面处理剂对板面进行基层处理。拌制石膏腻子，应用清洁水和清洁容器。

　　（3）饰面施工应按设计要求及不同装饰材料的施工工艺进行。

　　（4）吊顶叠级阳角处，应先做金属护角或采用其他加固措施后进行饰面装饰。

　　（5）穿孔石膏板应对接缝处和钉帽处进行处理，处理方式应符合设计要求。不得板面满批腻子。穿孔石膏板饰面应采用辊涂、刷涂或无气喷涂。

4.3.2 纤维水泥加压板（埃特板）安装

　　埃特板是一种纤维增强硅酸盐平板（纤维水泥板），其主要原材料是水泥、植物纤维和矿物质，经流浆法高温蒸压而成，主要用作建筑材料，埃特板是一种具有强度高、耐久等优越性能的纤维硅酸盐板材。

　　纤维水泥加压板吊顶，如图 4-34 所示。其施工要点除应符合上述"纸面石膏板安装"外，还应注意以下几点：

　　（1）龙骨间距、螺丝与板边的距离，

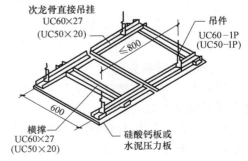

图 4-34　纤维水泥加压板吊顶透视图

及螺丝间距等应满足设计要求和有关产品的要求。

（2）纤维水泥加压板与龙骨固定时，所用手电钻钻头的直径应比选用螺丝直径小 0.5～1.0mm；固定后，钉帽应作防锈处理，并用油性腻子嵌平。

（3）用密封膏、石膏腻子或掺界面剂胶的水泥砂浆嵌涂板缝并刮平，硬化后用砂纸磨光，板缝宽度应小于 50mm。

（4）板材的开孔和切割，应按产品的有关要求进行。

4.3.3　木饰面板安装

木饰面经工厂加工可将其制成各种大小的成品饰面板，例如木质多层板、多芯板等。

安装时，应注意板背面的箭头方向和白线方向一致，以保证花样、图案的整体性；饰面板上的灯具、烟感器、喷淋头、风口篦子等设备的位置应合理、美观，与饰面的交接应吻合、严密，如图 4-35、图 4-36 所示。

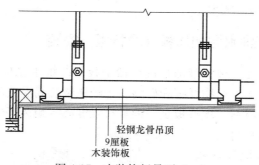

轻钢龙骨吊顶
9厘板
木装饰板

图 4-35　木装饰板吊顶（一）

1. 木质多层板安装

（1）龙骨间距、螺丝与板边的距离，及螺丝间距等应满足设计要求和有关产品的要求。

（2）木质多层板与龙骨固定时，所用手电钻钻头的直径应比选用螺丝直径小 0.5～1.0mm。固定后，钉帽应作防锈处理，并用油性腻子嵌平。

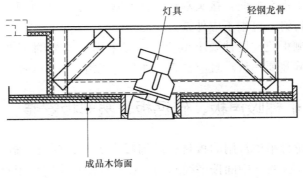

图 4-36　木装饰板吊顶（二）

（3）用密封膏、石膏腻子嵌涂板缝并刮平，硬化后用砂纸磨光，板缝宽度应小于 5mm；不同材料相接缝宜采用明缝处理。

（4）板材的开孔和切割，应按产品的有关要求进行。

2. 大芯板安装

（1）饰面板应在自由状态下固定，防止出现弯棱、凸鼓的现象；大芯板的长边应沿纵向次龙骨铺设。

（2）自攻螺丝与大芯板长边的距离以 10～15mm 为宜，短边以 15～20mm 为宜。

（3）固定次龙骨的间距，一般不应大于 600mm，钉距以 150～170mm 为宜，螺丝应与板面垂直，已弯曲、变形的螺丝应剔除。

（4）面层板接缝应错开，不得在一根龙骨上。

（5）大芯板与龙骨固定时，应从一块板的中间向板的四边进行固定，不得多点同时作业。

（6）螺丝钉头宜略埋入板面，钉眼应作防锈处理并用石膏腻子抹平。

3. 压条和接缝处理

木饰面板吊顶如采用压条时，则必须按设计要求的材质、规格和间距，并应先弹线，按线压条，如为木压条，则必须选用干燥、无节疤、无裂纹的木材，规格尺寸一致，表面经净刨，平整光滑，不得有扭曲，接头割角平整严密。钉距不应大于 200mm，要交错钉钉，钉帽不应外露。

顶棚板缝按设计要求留置，一般采用平缝或倒 V 形缝，板面所留缝宽要一致，且应平直、通顺、光滑。

4.4 矿棉吸声板、硅钙板、塑料板安装

明龙骨吊顶常用的板材有矿棉吸声板、硅钙板、塑料板等。施工前应弹线，中间按平线起拱。长龙骨的接头应采用对接；相邻龙骨接头要错开，主龙骨挂件应正反安装，避免主龙骨向一边倾斜。龙骨安装完毕，应经检查合格后再安装饰面板。吊件必须安装牢固，严禁松动变形。龙骨分格的几何尺寸必须符合设计要求和饰面板块的模数。饰面板的品种、规格符合设计要求，外观质量必须符合材料技术标准的规格。

4.4.1 矿棉吸声板安装

矿棉板是以矿渣棉为主要原料，加适量的添加剂如轻质钙粉、立德粉、海泡石、骨胶、絮凝剂等材料加工而成的。矿棉吸声板具有吸声、不燃、隔热、抗冲击、抗变形等优越性能，规格一般分为 600mm × 600mm、600mm × 1200mm。矿棉板安装，如图 4-37 所示。

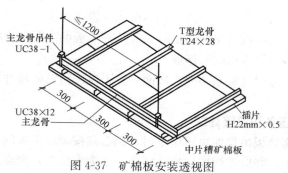

图 4-37　矿棉板安装透视图

1. 安装方法

（1）搁置法：可与铝合金和轻钢 T 型龙骨配合使用，龙骨安装调直找平后，可将饰面板搁置在主、次龙骨组成的框内，板搭在龙骨的肢上即可。饰面板的安装应稳固严密，与龙骨的搭接宽度应大于龙骨受力面宽度的 2/3。

（2）钉固法：在矿棉吸声板每四块的交角点和板的中心，用专门的塑料花托脚以螺钉固定龙骨上。金属龙骨大多采用自攻螺钉，木龙骨大多用木螺钉。

（3）粘贴法：将矿棉吸声板用胶粘剂直接粘贴在平顶木条或其他吊顶小龙骨上。

（4）企口暗缝法：将矿棉吸声板加工成企口暗缝的形式。龙骨的两条肢插入暗缝内，不用钉，不用胶，靠两条肢将板材担住。

2. 安装要点

（1）面板安装前，应进行吊顶内隐蔽工程验收，所有项目验收合格后才能进行面板的安装施工。

（2）面板的安装应按规格、颜色、花饰、图案等进行分类选配、预先排板，保证花饰、图案的整体性。

（3）面板应置放于 T 型龙骨上并应防止污物污染板面。面板需要切割时应用专用工具切割。

（4）吸声板上不宜放置其他材料。面板与龙骨嵌装时，应防止相互挤压过紧引起变形或脱挂。

（5）设备洞口应根据设计要求开孔。开孔应用开孔器。开洞处背面宜加硬质背衬。

（6）矿物棉板上的灯具、烟感器、喷淋头、风口箅子等设备位置应合理、美观，与饰面的交接应吻合、严密。

（7）当采用纸面石膏板上平贴矿物棉板时应注意以下几点：

1）石膏板上放线位置应符合选用的矿物棉板的规格尺寸。

2）矿物棉板的背面和企口处的涂胶应均匀、饱满。

3）固定矿物棉板时应按画线位置用气钉枪钉实、贴平，板缝应顺直。

4）矿物棉板在安装时应保持矿棉板背面所示箭头方向一致。

4.4.2 硅钙板、塑料板安装

硅钙板、塑料板板规格一般为 600mm×600mm，将面板直接搁于龙骨上。塑料板吊顶材料有聚氯乙烯塑料（PVC）板、聚乙烯泡沫塑料装饰板、钙塑泡沫装饰吸声板、聚苯乙烯泡沫塑料装饰吸声板、装饰塑料贴面复合板等。

以塑料板安装为例，其安装工艺一般分为钉固法和粘贴法两种。

1. 塑料板钉固法

聚氯乙烯塑料板安装时，用 20～25mm 宽的木条，制成500mm 的正方形木格，用小圆钉将聚氯乙烯塑料装饰板钉上，然后再用 20mm 宽的塑料压条或铝压条钉上。以固定板面或钉上塑料小花来固定板面。

聚乙烯泡沫塑料装饰板安装时，用圆钉钉在准备好的小木框上，再用塑料压条、铝压条或塑料小花来固定板面。对吸声要求较高的场所，除采用穿孔板外，可在板后加一层超细玻璃棉，以加强吸声效果。钙塑泡沫装饰吸声板钉固的方法如下：

（1）用塑料小花固定：由于塑料小花面积较小，四角不易压平，加之钙塑板周边厚薄不一，应在塑料小花之间沿板边按等距离加钉固定，以防止钙塑泡沫装饰吸声板周边产生翘曲、空鼓和中间下垂现象。如采用木龙骨，应用木螺钉固定；采用轻钢龙骨，应用自攻螺钉固定。

（2）用钉和压条固定：常用的压条有木压条、金属压条和硬质塑料压条等。用钉固定时，钉距不宜大于 150mm，钉帽应与板面齐平，排列整齐、并用与板面颜色相同的涂料涂饰。使用木压条时，其材质必须干燥，以防变形。

（3）用塑料小花、木框及压条固定，与聚氯乙烯塑料板安装钉固法相同。用压条固定，压条应平直、接口严密、不得翘曲。

2. 塑料板粘贴法

聚氯乙烯塑料板可用胶粘剂将罩面板直接粘贴在吊顶面层上或粘贴在吊顶龙骨上。常用胶粘剂有脲醛树脂、环氧树脂和聚醋酸乙烯酯等。

聚乙烯泡沫塑料装饰板可用胶粘剂将聚乙烯泡沫塑料装饰板直接粘贴在吊顶面层上或粘贴在轻钢小龙骨上。如粘贴在水泥砂浆基层上，基层必须坚硬平整、洁净，含水率不得大于8％。表面如有麻面，宜采用乳胶腻子修平整，再用乳胶水溶液涂刷一遍，以增加粘结力。

塑料板粘贴前，基层表面应按分块尺寸弹线预排。粘贴时。每次涂刷胶粘剂的面积不宜过大，厚度应均匀，粘贴后，应采取临时固定措施，并及时擦去挤出的胶液。

钙塑泡沫装饰吸声板。当吊顶用轻钢龙骨，一般需用胶粘剂固定板面，胶粘剂的品种较多，可根据安装的不同板材选择胶粘剂。如 XY-401 胶粘剂、氯丁胶粘剂等。

4.5　饰面板细部处理

4.5.1　吊顶各面之间的收口

1. 阴角收口

通常用木线钉压在角位上，如图 4-38 所示，固定时用气钉在木线条的凹部位置打入。

2. 阳角收口

（1）平面收口宜用线角压住平面吊顶下面的对接缝。

（2）立面收口宜在侧立面上用收口线条压住对接缝。

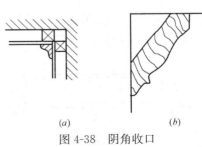

(a)　　　　　　(b)

图 4-38　阴角收口

（3）包角收口宜用包角木线或金属线条将整个角位包住。

3. 过渡收口

过渡收口指两个落差度较小的面之间对接处的衔接处理，或平面上两种不同材料对接处的衔接。过渡收口宜用木线或金属线条，如图 4-39 所示，木线可直接钉在吊顶面上，金属线条需作木条衬后粘卡在木衬条上。

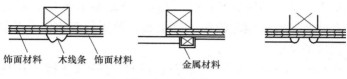

饰面材料　　木线条　饰面材料　　　　　金属材料

图 4-39　过渡收口

木线条的拼接方式有直拼和角拼两种。对角拼时宜把线条放在定角器上切割，接口处不得有毛边。两接口面应涂胶后对拼，拼口处不得错位和离缝，应光滑顺直。固定时应采用气钉或无头钉。

金属线条对拼截口时，应在定角器上用锯条截断，其表面不应有损伤。不得使用砂轮片切割机切割。切断后的拼接面应用锉修平。

4.5.2　吊顶面与设备的收口

1. 灯盘、灯槽与吊顶的收口

灯盘和灯槽除了具有本身的照明功能之外，也是吊顶装饰中的组成部分。

灯光盘收口。灯光盘在吊顶上安装完成后，与吊顶之间应收口，如图 4-40 所示。

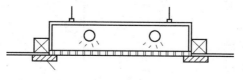

图 4-40　灯光盘收口结构形式

灯光槽收口。如果灯光槽上有灯光片或灯格栅，宜用金属角条钉接在灯槽内侧，金属角条上放灯光片。

2. 吊顶与空调风口的收口

如果空调风口采用成品风口罩，可直接将其安装在风口处，安装方式有水平、竖直两种。如果自制的风口罩是内嵌式的成品罩，其四边要进行收口，如图 4-41 所示。

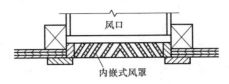

图 4-41 空调风口与吊顶的收口

3. 吊顶与检修孔收口

吊顶与检修孔收口宜在检修孔盖板四周钉木线条，或在检修孔内侧钉金属角条进行收口，同时线条对盖板起限位作用，如图 4-42 所示。

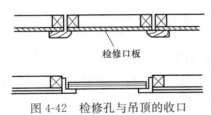

图 4-42 检修孔与吊顶的收口

4. 自动喷淋头、烟感器与吊顶的处理

自动喷淋头、烟感器必须安装在吊顶平面上。自动喷淋头须通过吊顶平面与自动喷淋系统的水管相接如图 4-43（a）所示。

在安装中常出现的问题以下：

（1）水管伸出吊顶面。

（2）水管预留短了，自动喷淋头不能在吊顶面与水管连接，如图 4-43（b）所示。

（3）喷淋头边上有遮挡物，如图 4-43（c）所示。

为了避免以上问题发生，应在拉吊顶标高线时检查自动喷淋头、烟感器的安装情况，及时调整。

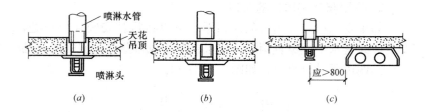

喷淋水管
天花
吊顶
喷淋头

应>800

(a)　　　　　　　　(b)　　　　　　　　(c)

图 4-43　自动喷淋头、烟感器与吊顶常出现的问题
(a) 自动喷淋系统；(b) 水管预留不到位；(c) 喷淋头边上不应有遮挡物

4.5.3　吊顶面与墙面间线条收口

吊顶的墙角处，通常用木线条或石膏线条收口。

1. 实木线收口

将直角或多曲面装饰木线条，靠紧在吊顶面与墙面的相交处，并在墙面埋入木楔，将木线条钉固在墙面上，石膏线条则用自攻螺丝固定。

2. 斜位角线收口

在需要大角线收口时，可使用斜位角线，固定时用钉或自攻螺丝将斜角装饰木线条或石膏线条分别钉在墙面埋入的木楔上和吊顶面上。也可在墙棚角处固定斜面木龙骨，将线条固定在木龙骨上。

3. 阶梯式收口

用两块或两块以上的木板条，并排错位放置成阶梯状，这种阶梯式收口线固定时最下面一块固定于墙面，上面板条再钉接在最下面一块与墙面固定好的板条上。

4. 吊顶面与柱面相交处的收口

吊顶面与柱面衔接处的收口方法与吊顶和墙面间的收口方法基本相同。宜用木线、石膏线、不锈钢线条等。圆柱或其他曲线柱的不锈钢线条、木线条宜在工厂订做。木饰面柱体可将收口线固定在柱体上，金属面柱体也可将收口线固定在吊顶面上。

圆柱顶面收口采用厚胶合板时，如无法直接弯曲，宜在胶合板背面开槽。先从胶合板上截下所需宽度和长度的板条，再在长板条的宽度上用细锯开槽，槽深应小于板厚的1/2。槽间距要根据圆柱直径而定。

5 地面工程

5.1 实木、实木集成地板面层

实木地板面层可采用单层木地板面层或双层木地板面层铺设。这种面层具有弹性好、导热系数小、干燥、易清洁和不起尘等材料性能，是一种较理想的建筑地面材料。单层木板面层是在木搁栅上直接钉企口木板；单层木地板面层适用于办公室、托儿所、会议室、高洁度实验室和中、高档旅馆及住宅。双层木板面层是在木搁栅上先钉一层毛地板，再钉一层企口木板。双层木地板面层，特别是拼花木板面层又称硬木面层，属于较高级的面层装饰工程，其面层坚固、耐磨、洁净美观，但造价较贵，施工操作要求较高，适用于高级民用建筑；室内体育训练、比赛、练习用房和舞厅、舞台等公共建筑；以及有特殊要求建筑的硬木楼、地面工程，如计量室、精密机床车间等。

木搁栅有空铺和实铺两种形式，空铺式是将木搁栅搁于墙体的垫木上，木搁栅之间加设剪刀撑，木板面层在木板下面留有一定高度的空间，以利通风换气，使木板和搁栅保持干燥而不至于腐烂，为节约木材，亦有用混凝土搁栅代替木搁栅。实铺式是将木板面层铺钉在固定于水泥类基层上的木龙骨上，木龙骨之间常用炉渣等隔声材料填充，并加设横向木撑，木材部分均需涂防腐油。

5.1.1 一般规定

（1）地板铺装前应对龙骨基层等隐蔽工程进行验收合格。隐蔽工程必须进行施工工序质量控制，每道工序应进行自检和验收，并应符合设计要求和质量验收规定。

（2）在地板与其他材料的相交处，施工节点应符合设计要求，且按节点详图施工。

（3）面层铺装时，预留伸缩缝和纵向、横向分段缝的设置应符合设计要求，且按节点详图施工。

（4）地板铺装图案和铺装方法，应符合设计要求。面积较大或图案较复杂时应进行试铺，符合要求后方可大面积展开施工。

（5）地板应错缝铺装，相邻板块接头应相互错开。地板对接接缝处应有龙骨支撑，必要时可以增加龙骨或垫块。

（6）相邻地板的拼接缝隙应根据铺装时的环境温湿度状况、地板的长度、宽度以及铺设面积情况合理确定。

（7）在地板与其他地面材料衔接处，应进行隔断（间隙≥8mm）。扣板（塞板）过渡应安装稳固。

（8）地板宽度方向铺设长度≥6m时，或地板长度方向铺设长度多于8m时，应在适当位置设置伸缩缝，预留伸缩缝按0.3mm/m控制，并用扣板（塞板）过渡。靠近门口处，宜设置伸缩缝，并用扣板（塞板）过渡。扣板（塞板）应安装稳固。

（9）室内铺装时，如有需要可在龙骨上再铺钉毛地板，毛地板严禁整张使用，宜锯成规格为1.2m×0.6m或0.6m×0.6m的板材。毛地板铺装间隙为5～6mm，与墙面及地面固定物间距为8～12mm。毛地板固定钉距应小于350mm。固定后脚踩无异响和明显下陷现象，毛地板铺装应水平。

（10）地板端部剪裁，应考虑地板的膨胀与收缩。在不同时段铺装的地板其端部间距可能长短不一，因此在一个单元的地板全部铺好后要用切割机切割地板端部，使地板端部之间保持平整。

（11）与厕浴间、厨房等潮湿场所相邻的木质地板面层连接处应做防水（防潮）处理。

（12）地板面层应避免与水长期接触，不宜用于长期或经常潮湿处，以防止木基层腐蚀和面层产生翘曲、开裂或变形等。在无地下室的建筑底层地面铺设木质地板面层时，地面基层（含墙体）应采取防潮措施。

（13）木质地板面层的通风构造层（包括室内通风沟、室外通风窗），均应符合设计要求。

（14）木、竹地板用于有采暖要求的地面应符合采暖工程的相关要求：地板尺寸稳定性高、高温下不开裂、不变形，不惧潮湿环境、甲醛释放量不超标、传热性能好、不惧高温。

5.1.2 实铺法铺设木地板

实铺木地板由木龙骨（横撑）、硬木地板（单层）、毛地板加硬木地板（双层）等组成，其铺设方式如图 5-1 所示。

1. 基层处理及弹线

混凝土基层表面应坚硬、平整、洁净、干燥、不起砂，无裂

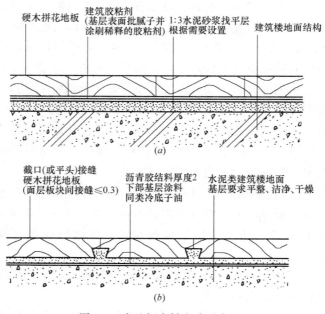

图 5-1　木地板实铺方式示意图

（a）胶粘铺贴硬木地板；（b）改性沥青胶结料粘结硬木地板

缝。凸出的沙砾等应凿平，凹陷部分应填平。

按照设计规定的木搁栅间距和基层预埋件间距，在基层上弹出木龙骨和预埋件的安装位置线及标高。根据安装位置线进行预埋件的设置，基层预埋件采用塑料膨胀管或铁膨胀螺丝。

2. 木搁栅龙骨的铺设

（1）地板面层直铺时，龙骨间距应是地板块长度的整分数，地板直铺时龙骨间距应≤350mm，采用毛地板铺设时应≤400mm。

（2）木搁栅龙骨的断面选择应根据设计要求，实铺法的木搁栅龙骨通长可采用30mm×40mm的断面尺寸。

（3）龙骨与混凝土基础或者架空结构之间可采用膨胀螺丝、化学螺栓、膨胀管连接，预埋等方法紧固。

（4）当屋顶不允许用膨胀螺钉固定时，如屋顶铺装施工中为防止屋顶漏水而不能用膨胀螺钉直接将龙骨紧固在混凝土地面上，或用户要求龙骨垫高时，应用支撑块将龙骨撑起。

（5）木搁栅宜从墙一端开始，逐根向对边铺设，铺设数根后应用靠尺找平，严格掌握标高、间距及平整度。木搁栅的表面应平直，用2m直尺检查时，尺高与木搁栅龙骨间距不应大于3mm，木搁栅龙骨和墙间距应留出不小于30mm的间隙，以利隔潮和通风。

木搁栅的接头应采用平接头，每个接头用双面木夹板，每面钉牢，接头位置应错开。

（6）基层内预埋管线处龙骨不应用钉固定，宜采用防水胶粘结，不允许松动。

（7）龙骨与地面固定时，龙骨端头50mm处开始打钉，钉间距应≤400mm，基础面吃钉深度应为龙骨厚度的1.5～2倍，所有木龙骨的钉帽均应卧入龙骨面层内。

3. 横撑龙骨铺设

木搁栅龙骨之间应设置横撑，横撑间距800mm左右，与木搁栅垂直相交，用铁钉固定，以增强搁栅的整体性。

4. 铺钉毛地板

铺设前必须清除毛地板下的空间内的刨花杂物。毛地板严禁整张使用，宜锯成规格为 1.2m×0.6m 或 0.6m×0.6m 的板材。

一般采用斜向铺设，其斜向的角度为 30°或 45°。毛地板铺装间隙为 5～10mm，与墙面及地面固定物间的间距为 8～12mm。毛地板固定钉距应小于 350mm。

毛地板的接头必须在搁栅龙骨的中线上，表面要调平，板长不应小于两档木搁栅龙骨，相邻板条的接缝要错开。毛地板铺装前必须做好防腐处理。固定后脚踩无异响和明显下陷现象，毛地板铺装应水平，应用 2m 靠尺检查其平整度，平整度≤3mm/2m。

5. 长条地板面层铺设

长条地板面层铺设的方向应符合设计要求，设计无要求时按"顺光、顺主要行走方向"的原则确定。

在铺设木板面层时，木板端头接缝应在搁栅上，并应间隔错开。板与板之间应紧密，但仅允许个别地方有缝隙，其宽度不应大于 1mm；当采用硬木长条形板时，不应大于 0.5mm。

地板面层铺设时，面板与墙之间应留 8～12mm 缝隙。

6. 实木单层板铺设

木搁栅隐蔽验收后，从墙的一边开始按线逐块铺钉木板，逐块排紧。

单层木地板与搁栅的固定，应将木地板钉牢在其下的每根搁栅上。钉长应为板厚的 2～2.5 倍。并从侧面斜向钉入板中，钉头不应露出。铺钉顺序应从墙的一边开始向另一边铺钉。

7. 双层板铺设

（1）双层木板面层下层的毛地板可采用钝棱料，其宽度不宜大于 120mm。在铺设前应清除毛地板下空间内的刨花等杂物。

（2）在铺设毛地板时，应与搁栅成 30°或 45°并应斜向钉牢，使髓心向上；当采用细木工板、多层胶合板等成品机拼板材时，应采用设计规格铺钉。无设计要求时可锯成 1220mm×610mm、

813mm×610mm 等规格。

（3）每块毛地板应在每根搁栅上各钉两个钉子固定，钉子的长度应为板厚的 2.5 倍，钉帽应砸扁并冲入板面深不少于 2mm。毛地板接缝应错开不小于一格的搁栅间距，板间缝隙不应大于 3mm。毛地板与墙之间应留 8～12mm 缝隙，且表面应刨平。

（4）当在毛地板上铺钉长条木板或拼花木板时，宜先铺设一层用以隔声和防潮的隔离层。然后即可铺钉企口实木长条地板，方法与单层板相同。

（5）企口木板（单层木板面层或双层木板面层上层）铺设时，应从靠门较近的一边开始铺钉，每铺设 600～800mm 宽度应弹线找直修整，然后依次向前铺钉。铺钉时应与搁栅成垂直方向钉牢，板端接缝应间隔错开，其端接缝一般是有规律在一条直线上。板与板之间拼缝仅允许个别地方有缝隙，但缝隙宽度不应大于 1mm，如用硬木企口木板不得大于 0.5mm。企口木板与墙之间留 10～15mm 的缝隙，并用木踢脚线封盖。每块企口木板应钉牢在其下的每根搁栅上，钉的长度应为企口木板厚度的 2～2.5 倍，钉帽砸扁，从侧面斜向钉入，如图 5-2 所示。

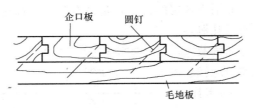

图 5-2　企口板钉设

8. 面层刨平、磨光

采用"免漆免刨"企口地板（俗称漆板），可在木搁栅或毛地板完工后，直接铺装漆板，而可免去地板面层中所使用的打磨和油漆上蜡工序。

（1）木材面层的表面应刨平磨光，刨平和磨光所刨去的厚度不宜大于 1.5mm，并无刨痕。

（2）第一遍粗刨，用地板刨光机（机器刨）顺着木纹刨，刨口要细、吃刀要浅，刨刀行速要均匀、不宜太快，多走几遍、分层刨平，刨光机达不到之处则辅以手刨。

（3）第二遍净面，刨平以后，用细刨净面。注意消除板面的刨痕、戗槎和毛刺。

（4）净面之后用地板磨光机磨光，所用砂布应先粗后细，砂布应绷紧绷平，磨光方向及角度与刨光相同。个别地方磨光不到可用手工磨。磨削总量应控制在 0.3～0.8mm 内。

9. 油漆和打蜡

地板磨光后应立即上漆。先清除表面尘土和油污，必要时润油粉，满刮腻子两遍，分别用 1 号砂纸打磨平整、洁净，再涂刷清漆。应按设计要求确定清漆遍数和品牌，厚薄均匀、不漏刷，第一遍干后用 1 号砂纸打磨，用湿布擦净晾干，对腻子疤、踢脚板和最后一行企口板上的钉眼等处点漆片修色；以后每遍清漆干后用 280～320 号砂纸打磨。最后打醋、擦亮。

5.1.3 空铺法铺设木地板

空铺法一般用于楼房的首层，是将木搁栅龙骨安装在地垄墙上，并留有通风孔洞，木地板架空地面铺装，除木搁栅龙骨的安装不同于实铺法的木搁栅龙骨的安装外，其余铺钉毛地板，铺装地板面层及地板面层打磨、上蜡保护等操作均同实铺法。面层为单层或双层木地板的空铺做法，如图5-3、图 5-4 所示。

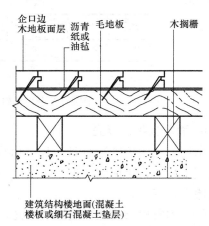

图 5-3　空铺式木地板的铺设剖面构造示意图

114

1. 基层处理及弹线

参见上述 5.1.2 "实铺法铺设木地板"中相关内容。

2. 木搁栅龙骨的铺设

空铺法的地垄墙高度应根据架空的高度及使用的条件计算后确定。在地垄墙上垫放同长的压沿木或垫木，压沿木或垫木应进行防腐、防蛀处理，并用预埋在地垄墙里的 8 号铁丝将其绑扎拧紧，绑扎固定间距不超过 300mm，接头采用平接，在两根接头处绑扎的铁丝应分别在接头处

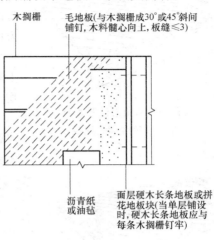

图 5-4 空铺式木地板的铺设方法平面分层示意图

的两端 150mm 以内进行绑扎，以防接头处松动。

在压沿木表面划出各木搁栅龙骨的中线，然后将龙骨对准中线摆好，端头离开墙面间隙约 30mm。木搁栅龙骨与地垄墙垂直，结合房间具体尺寸均匀布置，摆放间距≤300mm。木搁栅龙骨摆正后，必须用水平仪抄平，亦可用室内 500mm 标高线进行检查，并用 2m 靠尺检查，尺与搁栅间的空隙不应超过 3mm。

木搁栅龙骨找平后，用钢钉在木搁栅龙骨两侧中部斜向 45°与垫木压沿木钉牢。钉牢后在木搁栅上按剪刀撑的间距弹线，按线将剪刀撑钉于龙骨侧面，同一行剪刀撑要对齐顺线，上口齐平。

空铺法木搁栅龙骨的安装必须设置剪刀撑，以保证侧向稳定，增加整个木搁栅龙骨的刚度，防止整个木搁栅龙骨本身的翘曲变形，木搁栅龙骨表面要作防腐处理。

3. 斜地板铺装

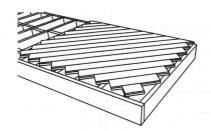

图 5-5　从角落处开始与
龙骨成角度铺装地板

斜地板的铺装和垂直地板的铺装方法相同的，只是方向不同。斜地板应从龙骨框架的角落开始铺装，再画上粉线，用手提石材切割机切割，如图 5-5～图 5-7 所示。当所有斜地板都铺好后，再铺扣板（塞板）和周边板，需要时，再装踢脚板。

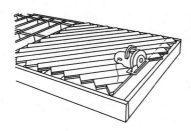

图 5-6　用手提石材切割机沿粉
线方向修裁地板

图 5-7　修裁好的地板

4. 扣板（塞板）铺装

在铺装好的两地板单元之间的垫块上铺装扣板（塞板）。扣板（塞板）两侧与地板端部的间距均为 5mm，如图 5-8 所示。

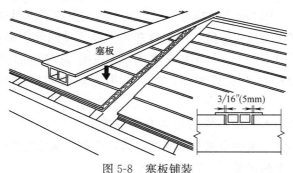

图 5-8　塞板铺装

5. 周边板铺装

地板铺好后再铺周边板（也使用 L 形封边条进行封边处理），周边板铺在地板的外边缘周围，如图 5-9 所示。地板端部与周边板之间应留 5mm 间隙。周边板外延伸出龙骨不超过25mm，如图 5-10 所示。

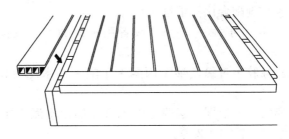

图 5-9　周边板铺装

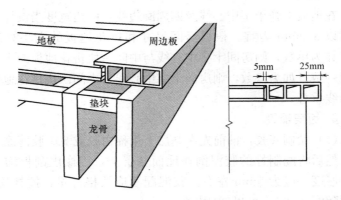

图 5-10　周边板预留间距和外伸端

5.1.4　水泥类基层上粘结单层拼花地板

1. 基层处理

水泥类基层应表面平整、粗糙、干燥，无裂缝、脱皮、起砂等缺陷。施工前将表面的灰砂、油渍、垃圾清除干净，凹陷部位用 801 胶水泥腻子嵌实刮平，用水洗刷地面、晾干。

2. 准备胶结料

（1）促凝剂——用氯化钙复合剂（冬季在白胶中掺少量）。

（2）缓凝剂——用酒石酸（夏季在白胶中掺少量）。

（3）水泥——强度等级 42.5 以上普通硅酸盐水泥或白水泥。

（4）丙酮、汽油等。

（5）胶粘剂配合比（重量比）：

10 号白胶：水泥＝7：3。或者用水泥加 801 胶搅拌成浆糊状。

过氯乙烯胶：过氯乙烯：丙酮：丁酯：白水泥＝1：2.5：7.5：1.5

聚氨酯胶——根据厂家确定的配合比加白水泥，如：甲液：乙液：白水泥＝7：1：2 等。

3. 弹线

在地面上弹十字中心线及四周圈边线，圈边宽度当设计未规定时以 300mm 为宜。根据房间尺寸和拼花地板的大小算出块数。如为单数，则房间十字中心线与中间一块拼花地板的十字中心线一致；如为双数，则房间十字中心线与中间四块拼花地板的拼缝线重合。

4. 面层铺设

（1）涂刷底胶：铺前先在基层上用稀白胶或 801 胶薄涂刷一遍，然后将配制好的胶泥倒在地面基层上，用橡皮刮板均匀铺开，厚度一般为 5mm 左右。胶泥配制应严格计量，搅拌均匀，随用随配，并在 1～2h 内用完。

（2）铺板图案形式一般有正铺和斜铺两种。正铺由中心依次向四周铺贴，最后圈边（亦可根据实际情况，先贴圈边，再由中央向四周铺贴斜铺先弹地面十字中心线，再在中心弹 45°斜线及圈边线，按 45°方向斜铺）。拼花面层应每粘贴一个方块，用方尺套方一次，贴完一行，需在面层上弹细线修正一次。

（3）铺设席纹或人字地板时，更应注意认真弹线、套方和找规矩；铺钉时随时找方，每铺钉一行都应随时找直。板条之间缝隙应严密,不大于 0.2mm。可用锤子或垫木适当敲打,溢出板面的胶粘剂要及时清理干净。地板与墙之间应有 8～12mm 的缝隙,并用踢脚板封盖。

(4)胶结拼花木地板面层及铺贴方法,如图 5-11 所示。

(5)面层刨平磨光:拼花地板粘贴完后,应在常温下保养 5～7d,待胶泥凝结后,用电动滚刨机刨削地板,使之平整。滚刨方向与板条方向成 45°角斜刨,刨时不宜走得太快,应多走几遍。第一遍滚刨后,再换滚磨机磨二遍;第一遍用 3 号粗砂纸磨平,第二遍用 1～2 号砂纸磨光,四周和阴角处辅以人工刨削和磨光。

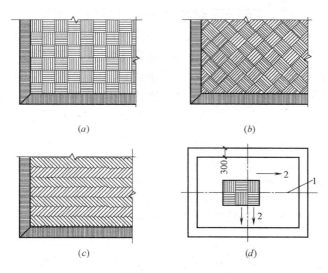

图 5-11 胶结拼花木地板面层及铺贴方法
(a)正方格形;(b)斜方格形;(c)人字形;(d)中心向外铺贴方法
1—弹线;2—铺贴方向

(6)油漆、打蜡:参见上述 5.1.2"实铺法铺设木地板"中相关内容。

如采用免刨免漆类,则省去"面层刨平磨光"和"油漆打蜡"工序。

5.1.5 踢脚板铺贴

在固定踢脚线前应对木地板铺设质量检查，应拔去伸缩缝中木楔。踢脚板紧贴墙面可用胶粘、卡口、钉子等三种方法固定。

（1）采用实木制作的踢脚板，背面应留槽并做防腐处理。

（2）预先在墙内每隔300mm砌入一块防腐木砖，在防腐木砖外面钉一块防腐木块（如未预埋木砖，可用电锤打眼在墙面固定防腐木楔）。然后再把踢脚线的基层板用明钉钉牢在防腐木块上，钉帽砸扁使冲入板内，随后粘贴面层踢脚板并刷漆。踢脚板板面要竖直，上口呈水平线。木踢脚板上口出墙厚度应控制在 10～20mm 范围。踢脚板做法，如图 5-12 所示。

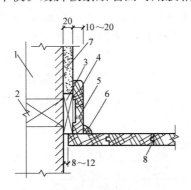

图 5-12 踢脚板铺设方法

1—砖墙；2—预埋防腐木砖 120mm×
120mm×60mm@750mm；
3—防腐木块 120mm×120mm×
20mm@750mm；4—木踢脚
板 150mm×20mm；5—通风孔
ϕ6mm@1000mm；
6—木条 15mm×15mm；
7—内墙粉刷；8—企口长条硬木板

（3）踢脚板安装完后，在房间不明显处，每隔 1m 开排气孔，孔的直径 6mm，上面加铝、镀锌、不锈钢等金属箅子，用镀锌螺钉与踢脚板拧牢。

5.2 实木复合地板面层

实木复合地板，是将优质实木锯切刨切成表面板、芯板和底板单片，然后根据不同品种材料的力学原理将三种单片依照纵向、横向、纵向三维排列方法，用胶水粘贴起来，并在高温下压制成板，这就使木材的异向变化得到控制。

120

实木复合地板分为三层实木复合地板、多层实木复合地板、新型实木复合地板三种，由于它是由不同树种的板材交错层压而成，因此克服了实木地板单向同性的缺点，干缩湿胀率小，具有较好的尺寸稳定性，并保留了实木地板的自然木纹和舒适的脚感。

5.2.1 条材实木复合地板铺设

参见上述 5.1.2 中 5"长条地板面层铺设"的施工要点。

5.2.2 水泥类基层上粘贴单层实木复合地板（点贴法）

水泥类基层上粘贴实木复合地板可采用局部涂刷胶粘剂粘贴。常用胶粘剂、适用范围、施工要点等与上述 5.1.4"水泥类基层上粘结单层拼花地板"基本相同。不同之处在"粘贴面层"时应符合以下规定：

（1）在每条木地板的两端和中间涂刷胶粘剂（每点涂刷面积根据胶粘剂性质和规格而定，一般为 150mm×100mm）。按顺序沿水平方向用力推挤压实。每铺钉一行均应及时找直。

（2）板条之间缝隙应严密，不大于 0.5mm。可用锤子通过垫木适当敲打，溢出板面的胶粘剂要及时清理擦净。实木复合地板相邻板材接头位置应错开不小于 300mm 距离，地板与墙之间应有 10～12mm 缝隙，并用踢脚板封盖。

5.2.3 水泥类基层上粘贴单层拼花实木复合地板（整贴法）

本工艺是在拼花实木复合地板上满涂胶粘剂并粘贴在水泥砂浆（混凝土）楼地面上拼成多种图案。适用于首层地面和楼层楼面。铺设施工参见上述 5.1.4"水泥类基层上粘结单层拼花地板"中相关内容。

5.2.4 双层拼花实木复合地板铺装

实铺法参见上述 5.1.2 中 5"长条地板面层铺设"的相关内

容。空铺法参见上述 5.1.3 中相关内容。

5.2.5　块材实木复合地板铺装

块材实木复合地板的铺设参见上述 5.1.2 中相关内容。

5.3　地采暖用木质地板铺装

低温辐射供暖地面的木质地板面层宜采用实木集成地板、竹地板、实木复合地板、浸渍纸层压木质地板及耐热实木地板等（包括免刨免漆类）铺设。

5.3.1　一般规定

（1）地板铺装应在地面隐蔽工程、吊顶工程、墙面工程、水电工程完成并验收后进行。

（2）地面基础的强度和厚度应符合房屋验收规定。

（3）地面应平整，用 2m 靠尺检测地面平整度，靠尺与地面的最大弦高应≤3mm。

（4）地面含水率应低于 10％。

（5）低温辐射供暖地面的木质地板面层无龙骨时，采用空铺或胶粘法在填充层上铺设；有龙骨时，龙骨应采用胶粘法铺设。胶粘剂的耐热性能应满足设计和使用要求。带龙骨的架空木、竹地板可不设填充层，绝热层与地板间的净空高度不宜小于 30mm。

（6）低温辐射供暖地面的木质地板面层与周边墙面间应留置不小于 10mm 的缝隙。当面层采用空铺法施工时，应在面层与墙面之间的缝隙内设金属弹簧卡或木楔子，其间距宜为 200～300mm。

（7）铺设低温辐射供暖地面的木质地板面层时，不得钉、凿、切割填充层，不得向填充层内楔入物件，不得扰动、损坏发热管线。

（8）严禁使用超出强制性标准限量的材料。

（9）地面不允许打眼、钉钉，以防破坏地面供暖系统。

122

5.3.2　供暖系统的要求

地面供暖系统必须采用标准元件，供暖系统应封闭、绝缘。供热温度均匀，供热时水泥地面的温度应不超过55℃。

地采暖用木质地板应在地面供暖系统加热试验合格后进行铺装。

5.3.3　铺装前准备

（1）彻底清理地面，确保地面无浮土、无明显凸出物和施工废弃物。

（2）测量地面的含水率，地面含水率合格后方可施工。严禁湿地施工，并防止有水源处（如暖气出水处、厨房和卫生间连接处）向地面渗漏。

（3）根据用户房屋已铺设的管道、线路布置情况，标明各管道、线路的位置，以便于施工。

（4）制定合理的铺装方案。若铺装环境特殊应及时与用户协商，并采取合理的解决方案。

（5）测量并计算所需地垫、踢脚板、扣条数量。

5.3.4　空铺（悬浮）法

1. 防潮膜铺设

防潮膜铺设要求平整并铺满整个铺设地面，其幅宽接缝处应重叠200mm以上并用胶带粘接严实，墙角处翻起50mm。

2. 地垫铺设

地垫铺设要求平整不重叠地铺满整个铺设地面，接缝处应用胶带粘接严实。

3. 地板铺装

（1）地板与墙及地面固定物间应加入一定厚度的木楔，使地板与其保持8~12mm距离。

（2）如采用错缝铺装方式，长度方向相邻两排地板端头拼缝间距应≥200mm。

（3）同一房间首尾排地板宽度宜≥50mm。

（4）地板拼接时应施胶，涂胶应连续、均匀、适量，地板拼合后，应适时清除挤到地板表面上的胶粘剂。

（5）地板铺装长度或宽度≥8m时，应在适当位置进行隔断预留伸缩缝，并用扣条过渡。靠近门口处，宜设置伸缩缝，并用扣条过渡。扣条应安装稳固。

（6）在地板与其他地面材料衔接处，预留伸缩缝≥8mm，并安装扣条过渡。扣条应安装稳固。

（7）在铺装过程中应随时检查，如发现问题应及时采取措施。

（8）安装踢脚板时，应将木楔取出后方可安装。

（9）铺装完毕后，铺装人员要全面清扫施工现场，并且全面检查地板的铺装质量，确定无铺装缺陷后方可要求用户在铺装验收单上签字确认。

（10）施胶铺装的地板应养护24h方可使用。

5.3.5 实铺（直接胶粘）法

（1）地板与墙及地面固定物间应加入一定厚度的木楔，使地板与其保持8～12mm距离。

（2）如采用错缝铺装方式，长度方向相邻两排地板端头拼缝间距应≥200mm。

（3）同一房间首尾排地板宽度宜≥50mm。

（4）在地板与其他地面材料衔接处，预留伸缩缝≥8mm，并安装扣条过渡。扣条应安装稳固。

（5）在地板背面施点胶或面胶后，按铺装方案将木地板逐块直接粘固于地面上。

（6）粘接地板时，须用专用木槌敲击严实，并用沙袋在木质地板端头接口处压实。

（7）地板铺装长度或宽度≥8m时，宜在适当位置进行隔断预留伸缩缝，并用扣条过渡。靠近门口处，宜设置伸缩缝，并用扣条过渡。扣条应安装稳固。

（8）在铺装过程中应随时检查，如发现问题应及时采取措施。

（9）安装踢脚板时，应将木楔取出后方可安装。

（10）铺装完毕后，铺装人员要全面清扫施工现场，并且全面检查地板的铺装质量，确定无铺装缺陷后方可要求用户在铺装验收单上签字确认。

（11）施胶铺装的地板应养护24h方可使用。

5.4 塑料地板面层

塑料板面层指采用塑料板材、塑料板焊接、塑料板卷材以胶粘剂在水泥类基层上采用实铺或空铺法铺设而成。塑料板面层适用于对室内环境具有较高安静要求以及儿童和老人活动的公共活动场所。如宾馆、图书馆、幼儿园、老年活动中心、计算机房等。

5.4.1 一般规定

（1）水泥类基层表面应平整、坚硬、干燥、密实、洁净、无油脂及其他杂质，不得有麻面、起砂、裂缝等缺陷。基层含水率不大于8%。

（2）铺贴塑料板面层时，室内相对湿度不大于70%，温度宜在10～32℃之间。

（3）塑料板块地面应根据使用场所、使用功能要求，选用合适的厚度、硬度、光泽度、耐低温性等技术指标的材料。

（4）铺贴塑料板块面层需要焊接时，其焊条成分和性能应与被焊的板材相同。

（5）塑料板面层施工完成后养护时间应不少于7d。

5.4.2 基层处理及弹线定位

1. 基层处理

（1）水泥类基层表面应平整、坚硬、干燥、密实、洁净、无油脂及其他杂质，阴阳角必须方正，含水率不大于9%。不得有麻面、起砂、裂缝等缺陷。应彻底清除基层表面残留的砂浆、尘土、砂粒、油污。

（2）水泥类基层表面如有麻面、起砂、裂缝等缺陷时，宜采用乳液腻子等修补平整。修补时每次涂刷的厚度不大于0.8mm，干燥后用0号铁砂布打磨，再涂刷第二遍腻子，直至表面平整后，再用水稀释的乳液涂刷一遍，以增加基层的整体性和粘结力。基层表面的平整度不应大于2mm。

（3）在木板基层铺贴塑料板地面时，木板基层的木搁栅应坚实，凸出的钉帽应打入基层表面，板缝可用胶粘剂配腻子填补修平。

（4）地面基层平整度达不到要求，用普通水泥砂浆又无法保证不空鼓的情况下，宜采用自流平水泥处理。自流平施工配料为每包25kg自流平拌6.25L水，即4∶1。自流平施工前需涂刷专用界面剂，自流平搅拌方法：先把6.25L清水倒入30L以上的空桶内，再倒入1包25kg水泥自流平干粉料，再用电动搅拌器搅拌约5min，把桶壁上的粉块刮入桶内，继续搅拌约1min，至均匀无结块。浇注自流平浆料，用自流平刮刀连续批刮，用排气滚筒滚轧浆面，以避免气泡、麻面和接口高差，开调后的每桶浆料必须在10min内用完。

2. 弹线定位

铺贴塑料板面层前应按设计要求进行弹线、分格和定位，如图5-13所示。在基层表面上弹出中心十字线或对角线，并弹出板材分块线；在距墙面200～300mm处作镶边。如房间长、宽尺寸不符合模数时，或设计有镶边要求时，可沿地面四周弹出镶边位置线。线迹必须清晰、方正、准确。地面标高不同的房间，不同标高分界线应设在门框裁口线处。

塑料卷材应在清理好的基层上，按卷材宽度进行弹线。弹线应根据房间尺寸和卷材长度，决定纵铺或横铺，应以接缝越少越好；接缝宜与窗的投光方向平行。

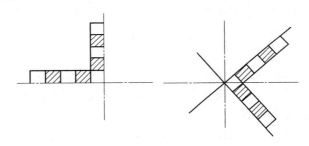

图 5-13　定位方法

5.4.3　裁切试铺及基层涂胶

塑料板面层铺贴形式与方法，如图 5-14 所示。

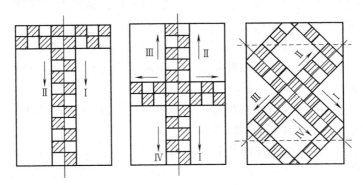

图 5-14　塑料板面层铺贴形式与方法

1. 裁切试铺

（1）塑料板面层应采用塑料板块材、塑料板焊接、塑料卷材以胶粘剂在水泥类基层上铺设。

（2）半硬质聚氯乙烯板（石棉塑料板）在铺贴前，应用丙酮∶汽油＝1∶8的混合溶液进行脱脂除蜡。

（3）软质聚氯乙烯板（软质塑料板）在试铺前进行预热处理，宜放入75℃左右的热水浸泡10～20min，至板面全部软化伸平后取出晾干待用（不得用炉火和用电热炉预热）。

（4）按设计要求和弹线对塑料板进行裁切试铺，试铺完成后按位置对裁切的塑料板块进行编号就位。

2. 基层涂胶

（1）铺贴时应将基层表面清扫洁净后，涂刷一层薄而均匀的底胶，不得有漏涂，待其干燥后，即按弹线位置和板材编号沿轴线由中央向四面铺贴。

（2）基层表面涂刷胶粘剂应用锯齿形刮板均匀涂刮，并超出分格线约10mm，涂刮厚度应控制在1mm以内。

（3）同一种塑料板应用同种胶粘剂，不得混用。

（4）使用溶剂型橡胶胶粘剂时，基层表面涂刷胶粘剂，同时塑料板背面用油刷薄而均匀地涂刮胶粘剂，暴露于空气中，至胶层不粘手时即可粘合铺贴，应一次就位准确，粘贴密实（暴露时间一般10～20min）。

（5）使用聚醋酸乙烯溶剂型胶粘剂时，基层表面涂刷胶粘剂，塑料板背面不需涂胶粘剂，涂胶面不能太大，胶层稍加暴露即可粘合。

（6）使用液型胶粘剂时，应在塑料板背面、基层上同时均匀涂刷胶粘剂，胶层不需晾置即合。

（7）聚氨酯胶和环氧树脂胶粘剂为双组分固化型胶粘剂，有溶剂但含量不多，胶面稍加暴露即可粘合，施工时基层表面、塑料板背面同时用油漆刷涂刷薄薄一层胶粘剂，但胶粘剂初始粘力较差，在粘合时宜用重物（如沙袋）加压。

5.4.4 塑料板的铺贴

（1）粘结剂涂刮后，待胶层表面手触不粘时即可贴塑料地板。

（2）铺贴时，应先将塑料板一端对准弹线粘贴，轻轻地用橡胶滚筒将塑料板顺次平服地粘贴在地面上，粘贴应一次就位准确，排除地板与基层间的空气，用压滚压实或用橡胶锤敲打粘合密实。敲打时应从一边到另一边或从中心移向四边。

（3）低温环境条件铺贴软质塑料板，应注意材料的保暖，应提前一天放在施工地点，使其达到与施工地点相同的温度。铺贴时，切忌用力拉伸或撕扯卷材，以防变形或破裂。

（4）软质塑料板的铺贴：软质塑料板在基层粘贴后，缝隙如果需要焊接，须经48h后方可施焊。焊接一般采用热空气焊，空气压力控制在 0.08～1MPa，温度控制在 180～250℃。

（5）铺贴时应及时清理塑料地面表面的余胶。

对溶剂型的胶粘剂可用松节水或 200 号溶剂汽油擦去拼缝挤出的余胶。

对水乳型胶粘剂可用湿布擦去拼缝挤出的余胶。

（6）塑料板接缝处必须进行坡口处理，粘接坡口做成同向顺坡，搭接宽度不小于30mm。板缝焊接时，将相邻的塑料板边缘切成 V 形槽，坡口角 β：板厚 10～20mm 时，$\beta=65°～75°$；板厚 2～8mm 时，$\beta=75°～85°$。板越厚，坡口角越小，板薄则坡口角大。焊缝应高出母材表面 1.5～2.0mm，使其呈圆弧形，表面应平整。

（7）清理养护及上蜡：全部铺贴完毕，应用大压辊压平，用湿布进行认真的清理，均匀满涂上蜡，揩擦 2～3 遍。塑料地板的养护不少于 7d。

5.4.5　塑料卷材的铺贴

按卷材铺贴方向的房间尺寸裁料，应注意用力拉直，不得重复切割，以免形成锯齿使接缝不严。使用的割刀必须锋利，宜用切割皮革用的扁口刀，以保证接缝质量。

涂胶铺贴顺序与塑料板相同，先对缝后大面铺贴。粘贴时先将卷材一边对齐所弹的尺寸线（或已贴好相邻卷材的边缘线）对缝，连接应严密，并用橡胶滚筒压密实后，再顺序粘贴和滚压大面，压平、压实，切忌将大面一下子贴上后滚压，以免残留气泡造成空鼓。

若有未赶出的气泡，应将前端掀起赶出。若铺完后，发现个别气泡未赶出，可用针头插入气泡内，用针管抽出气泡内的空气，并压实粘牢。

5.4.6 踢脚板铺贴

塑料踢脚板铺贴的要求和板面相同，地面铺贴完成后，按已弹好的踢脚板上口线及两端铺贴好的踢脚板为标准，挂线粘贴，铺贴的顺序是先阴阳角、后大面。踢脚板与地面对缝一致粘合后，应用橡胶滚筒反复滚压密实。

（1）先将塑料条钉在墙内预留的木砖上，钉距 400～500mm，然后用焊枪喷烤塑料条，随即将踢脚板与塑料条粘结，如图 5-15 所示。

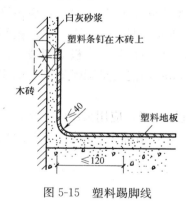

图 5-15　塑料踢脚线

（2）阴角塑料踢脚板铺贴时，先将塑料板用两块对称组成的木模顶压在阴角处，然后取掉一块木模，在塑料板转折重叠处，划出剪裁线，剪裁试装合适后，再把水平面45°相交处的裁口焊好，作成阴角部件，然后进行焊接或粘结，如图5-16所示。

（3）阳角踢脚板铺贴时，需在水平封角裁口处补焊一块软板，作成阳角部件，再行焊接或粘结，如图 5-17 所示。

（4）若踢脚板也用卷材粘贴，应先做地面再做踢脚，踢脚卷材应压地面，避免阴角处的接缝明显。粘贴时以下口平直为准。

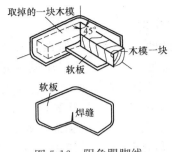

图 5-16　阴角踢脚线

图 5-17　阳角踢脚线

5.5　防静电活动地板铺装

　　防静电活动地板面层指采用特制的活动地板块，配以横梁、橡胶垫条和可供调节高度的金属支架组装成的架空活动地板，在水泥类基层或面层上铺设而成。活动地板面层具有板面平整（可达毫米精度）、光洁、装饰性好等优点。活动地板适用于管线比较集中以及一些对防尘、导电要求较高的机房、办公场所、电化教室、会议室等的建筑地面。

　　活动地板面层与原楼、地面之间的空间（即活动支架高度）可按使用要求进行设计，可容纳大量的电缆和空调管线。所有构件均可预制、运输、安装和拆卸十分方便。活动地板构造，如图5-18所示。

　　当房间的防静电要求较高，需要接地时，应将活动地板面层的金属支架、金属横梁相互连通，并与接地体相连，接地方法

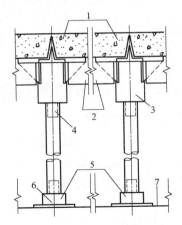

图 5-18　活动地板面层构造
1—活动面板块；2—横梁；3—柱帽；
4—螺栓；5—活动支架；
6—底座；7—楼地面

应符合设计要求。

地板所用的材料大体分为纯木质地板、复合地板、金属地板三类，纯木质地板的优点是造价低、易加工，但强度较差、易受潮变形，且易引起火灾。复合地板的基材是层压刨花板、水泥刨花板或硫酸钙板，上下表面贴有塑料贴面，四周用油漆封住，或用镀锌铁皮包封的地板。其优点是平整光滑、不起尘、易清洁、有一定弹性、耐腐性、防火、颜色美观，是目前使用较为普遍的一种活动地板。金属地板铝合金浇铸或压铸而成，其上表面贴有抗静电贴面。金属地板的优点是：强度高，受温度和湿度的影响小，地板的精度高，关键尺寸易于保证，铺设后地面平整，结合处缝隙小，而且能够提高抗静电效果，但是金属地板造价高。

活动地板块包括标准地板、异形地板和地板附件（即支架和横梁组件）。异形地板有旋风口地板、可调风口地板、大通风量地板和走线口地板等。

地板附件是承载并传输荷载的构件，包括支架组件和横梁组件。支架组件一般采用钢支柱，钢支柱用管材制作，横梁组件一般采用轻型槽钢制成。支架有高架（1000mm）和低架（200、300、350mm）两种。

5.5.1 基层清理及弹线定位

1. 基层清理

活动地板面层施工时，室内各项工程必须全部完成、超过地板块承载力的设备进入房间预定位置后，方可进行活动地板的安装。不得进行交叉施工。

活动地板面层与通过的走道或房间的建筑地面面层构造应符合设计要求。

活动地板面层的金属支架应支承在水泥类基层上，水泥混凝土应为现浇，不应采用预制空心楼板。

基层表面应平整、光洁、干燥、不起灰，安装前清扫干净，并根据需要，在其表面涂刷 1～2 遍清漆或防尘剂，涂刷后不允许有脱皮现象。

2. 弹线定位

根据设计要求和施工大样图，按选定的铺设方向和顺序设基准点，在基层表面上弹出支柱（架）定位方格十字线，并按板块尺寸弹线成方格网，标出地板块的安装位置和高度，并标明设备预留部位。

测量底座位置水平标高，根据设计要求的板块面层标高，在墙四周测好支柱（架）的水平线，并在墙四周设置和弹出标高控制线（如＋500mm 水平控制线），以控制支柱（架）和板块面层的水平标高。

5.5.2 支柱（架）及横梁铺设

1. 安装支柱（架）

将底座摆平在支座点上，核对中心线后，安装钢支柱（架），按支柱（架）顶面标高，拉纵横水平通线调整支柱（架）活动杆顶面标高并固定。再次用水平仪逐点抄平，水平尺校准支柱（架）托板。

为使活动地板面层与走道或房间的建筑地面面层连接，应根据面层的标高选用金属支架型号。

活动地板面层的金属支架应支承在现浇混凝土基层上。对于小型计算机系统房间，其混凝土强度等级不应低于 C30；对于中型计算机系统的房间，其混凝土强度等级不应低于 C50。

2. 安装横梁

支架顶调平后，弹安装横梁线，从房间中央开始，安装横梁。横梁安装完毕，测量横梁表面平整度、方正度。如设计要求横梁与四周预埋铁件固定时，可用连板与桁条用螺栓连接或焊接。

底座与基层之间注入环氧树脂，使之垫平并连接牢固，然后复测再次调平。

先将活动地板各部件组装好，以基准线为准，按安装顺序在方格网交点处安放支架和横梁，固定支架的底座，连接支架和框架。在安装过程中应随时抄平，转动支座螺杆，调整每个支座面使其标高一致。

在所有支座柱和横梁构成的框架成为一体后，应用水平仪抄平。然后将环氧树脂注入支架底座与水泥类基层之间的空隙内，使之连接牢固，亦可用膨胀螺栓或射钉连接。

5.5.3 铺设地板板块

（1）在横梁上按活动地板尺寸弹出分格线，在横梁上铺放缓冲胶条，并按线安装活动地板块，保证地板尺寸、规格一致。施工时应注意规格尺寸的检查和板块的切割，以免造成相邻板块之间，板块与四周墙面间隙过大。同时调整好活动地板缝隙使之顺直。

（2）铺设活动地板面层的标高，应按设计要求确定。当房间平面是矩形时，其相邻墙体应相互垂直；与活动地板接触的墙面的缝应顺直，其偏差每米不应大于 2mm。

（3）根据房间平面尺寸和设备等情况，应按活动地板模数选择板块的铺设方向。当平面尺寸符合活动地板模数，而室内无控制柜设备时，宜由里向外铺设；当平面尺寸不符合活动地板模数时，宜由外向里铺设。当室内有控制柜设备且需要预留洞口时，铺设方向和先后顺序应综合考虑选定。

（4）在横梁上铺放缓冲胶条时，应采用乳胶液与横梁粘合。当铺设活动地板块时，从一角或相邻的两个边依次向外或另外两个边铺装。

为了铺平，可调换活动地板块的位置，以保证四角接触处平整、严密，但不得采用加垫的方法。

（5）当铺设的活动地板不符合模数时，其不足部分可根据实际尺寸将板块切割后镶补，并配装相应的可调支撑和横梁。切割边不经处理不得镶补安装，并不得有局部膨胀变形情况，配装的支撑方法有：四周墙面钉木带，四周墙面钉角钢，墙边直接用支架安装。

在房间四周墙面采用钉木带或角钢时，木带或角钢在墙面的定位高度应与支架调整后的标高相同，保证活动地板面铺设在同一平面，并在木带或角钢与地板块接触部分加橡胶垫条，将胶条粘贴在木带或角钢上。

直接用支架安装时，宜将支架上托的四个定位销打掉三个，保留沿墙面的一个，使靠墙边的地板块越过支架能紧贴墙面，与墙边交接严密，阴阳角收边方正。

（6）在门口处或预留洞口处的活动板块，四周侧边应用耐磨硬质板材封闭或用镀锌钢板包裹，胶条封边符合耐磨要求。

（7）对活动地板块切割或打孔时，可用无齿锯或钻加工，但加工后的边角应打磨平整，采用清漆或环氧树脂胶加滑石粉按比例调成腻子封边。或用防潮腻子封边。亦可采用铝型材镶嵌封边，以防止板块吸水、吸潮、造成局部膨胀变形。

5.5.4 注意事项

（1）面层四周侧边应用耐磨硬质板材封闭或用镀锌钢板包裹，胶条封边应耐磨。

（2）在与墙体的接缝处，应根据接缝宽窄分别采用活动地板或木条镶嵌，窄缝隙宜采用泡沫塑料镶嵌。

（3）面层在与墙边的接缝处，宜做木踢脚线。

（4）通风口处，应选用异形活动地板铺贴。

（5）活动地板下面需要装的线槽和空调管道，应在铺设地板前先放在建筑地面上，以便下步施工。

（6）活动地板块的安装或开启，应使用吸板器或橡胶皮碗，并做到轻拿轻放。不应采用铁器硬撬。

（7）在全部设备就位和地下管、电缆安装完毕后，还要抄平一次，调整至符合设计要求，最后将板面全面进行清理。

5.6 地毯面层铺设

地毯面层采用地毯块材或卷材，在水泥类或板块类面层（或基层）上铺设而成。地毯面层适用于室内环境具有较高安静要求以供儿童、老人公共活动的场所，一些高级装修要求的房间，如会议场所、高级宾馆、礼堂、娱乐场所等。

地毯面层的基本构造，如图 5-19 所示。地毯面层可采用空铺法或实铺法铺设。

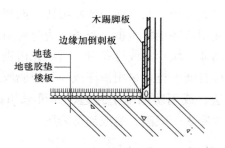

图 5-19　地毯面层基本构造图

5.6.1　空铺法铺设地毯

可用于各种材料、各种规格的地毯，单块地毯可独立地铺设在房间的任何部位，而机织长卷地毯在铺设较大面积时，应先将地毯裁边，并粘结拼缝成一整体，然后四周沿墙脚修齐即可。

（1）空铺式地毯的水泥类基层（或面层）表面应坚硬、平整、光洁、干燥，无凹坑、麻面、裂缝，并应清除油污。水泥类基层平整度偏差应不大于 4mm。

若有油污，需用丙酮或松节油擦干净，高低不平处应预先用水泥砂浆填嵌平整。木地板上铺设地毯基层不应有凸出的钉头和其他凸出物。

（2）地毯拼成整块后直接铺在洁净的地面上，地毯周边应塞入踢脚线下。

（3）铺设方块地毯，首先要将基层清扫干净，并应按所铺房间的使用要求及具体尺寸，弹好分格控制线。

铺设时，宜先从中部开始，然后往两侧均铺。要保持地毯块的四周边缘棱角完整，破损的边角地毯不得使用。铺设毯块应紧靠，常采用逆光与顺光交错方法。

（4）在两块不同材质地面交接处，应选择合适的收口条。如果两种地面标高一致，可以选用铜条或不锈钢条，以起到衔接与收口作用。如果两种地面标高不一致，一般选用铝合金 L 形收口条，将地毯的毛边伸入收口条内，再把收口条端部砸扁，起到收口与固定的双重作用，如图 5-20 所示。

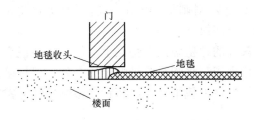

图 5-20　地毯门边收口条示意图

（5）与不同类型的建筑地面连接处，应按设计要求收口。

（6）小方块地毯铺设，块与块之间应挤紧。

（7）在行人活动频繁部位地毯容易掀起，在铺设方块地毯时，可在毯底稍刷一点胶粘剂，以增强地毯铺放的耐久性，防止被外力掀起。

5.6.2　实铺法铺设地毯

（1）基层处理同空铺法地毯基层处理要求，如有油污，须用丙酮或松节油擦净。水泥类地面应具有一定的强度，含水率不大于 9%。

（2）要严格按照设计图纸对各个不同部位和房间的具体要求进行弹线、套方、分格，如图纸有规定和要求时，则严格按图施工。如图纸没具体要求时，应对称找中、弹线、定位。

（3）地毯裁剪应在比较宽阔的地方集中统一进行。一定要精确测量房间尺寸，并按房间和所用地毯型号逐一登记编号。然后根据房间尺寸、形状用裁边机裁下地毯料，每段地毯的长度要比房间长出 20mm 左右，宽度要以裁去地毯边缘线后的尺寸计算。弹线，以手推裁刀从毯背裁切去边缘部分，裁好后卷成卷编上号，放入对号房间里，大面积房间应在施工地点剪裁拼缝。

（4）沿房间或走道四周踢脚板边缘，用高强水泥钉将倒刺板钉在基层上（钉朝向墙的方向），其间距约 400mm。倒刺板应离开踢脚板面 8～10mm，以便于钉牢倒刺板。

（5）铺设衬垫：将衬垫采用点粘法用聚醋酸乙烯乳胶粘在地面基层上，要离开倒刺板 10mm 左右。海绵衬垫应满铺平整，地毯拼缝处不露底衬。

（6）将裁好的地毯虚铺在垫层上，然后将地毯卷起，在拼接处缝合。缝合完毕，将塑料胶纸贴于缝合处，保护接缝处不被划破或勾起，然后将地毯平铺，用弯针将接缝处绒毛密实缝合，表面不显拼缝。

（7）将地毯的一条长边固定在倒刺板上，毛边掩到踢脚板下，用张紧器拉伸地毯。拉伸时，用手压住地毯撑，用膝撞击地毯撑，从一边一步步推向另一边。如一遍未能拉平，应重复拉伸，直至拉平为止。然后将地毯固定在另一条倒刺板上，掩好毛边。长出的地毯，用裁割刀割掉。一个方向拉伸完毕，再进行另一个方向的拉伸，直至四个边都固定在倒刺板上。

（8）采用粘贴固定式铺贴地毯，地毯具有较密实的基底层，一般不放衬垫（多用于化纤地毯），将胶粘剂涂刷在基底层上，静待 5～10min，待胶液溶剂挥发后，即可铺设地毯。

粘贴法分为满粘和局部粘结两种方法。一般人流多的公共场所地面采用满粘法粘贴地毯；人流少且搁置器物较多的场所的楼地面采用局部刷胶粘贴地毯，如宾馆的客房和住宅的居室可采用局部粘结。

铺粘地毯时，先在房间一边涂刷胶粘剂后，铺放已预先裁割的地毯，然后用地毯撑子向两边撑拉，再沿墙边刷两条胶粘剂，将地毯压平掩边。在走道等处地毯可顺一个方向铺设。

（9）细部处理及清理：要注意门口压条的处理和门框、走道与门厅，地面与管根、暖气罩、槽盒，走道与卫生间门槛，楼梯踏步与过道平台，内门与外门，不同颜色地毯交接处和踢脚板等部位地毯的套割、固定和掩边工作，必须粘结牢固，不应有显露、后找补条等。要特别注意上述部位的基层本身接槎是否平整，如严重者应返工处理。地毯铺设完毕，固定收口条后，应用吸尘器清扫干净，并将毯面上脱落的绒毛等彻底清理干净。

5.7 楼梯铺设地毯

（1）楼梯地毯面层铺设时，梯段顶级地毯应固定于平台上，其宽度不小于标准楼梯踏步尺寸。

（2）先将倒刺板钉在踏步板和挡脚板的阴角两边，两条倒刺板顶角之间留出地毯塞入的空隙，一般约 15mm，朝天小钉倾向阴角面。

（3）海绵衬垫超出踏步板转角应不小于 50mm，把角包住。

（4）地毯下料长度，应按实量出每级踏步的宽度和高度之和。如考虑今后的使用中可挪动常受磨损的位置，可预留 450～600mm 的余量。

（5）地毯铺设由上至下，逐级进行。每梯段顶级地毯应用压条固定于平台上，每级阴角处应用卡条固定牢，用扁铲将地毯绷紧后压入。

（6）梯段末级地毯与水平段地毯的连接处应顺畅、牢固。

（7）防滑条应铺设在踏步板阳角边缘。用不锈钢膨胀螺钉固定，钉距 150～300mm。

6 木楼梯及楼梯扶手

6.1 木楼梯的构造及部件配制

6.1.1 木楼梯的构造

木质楼梯系指用木材和（或）木质材料为主要材料加工制成的楼梯，一般由踏步板、踢板、三角木、休息平台、承重梁（也称斜梁）、栏杆（栏板）及扶手等组成。具体构造形式有明步木楼梯和暗步木楼梯两种，如图 6-1 所示。

明步木楼梯承重梁上下端做吞肩榫与平台梁（楼搁栅）、地

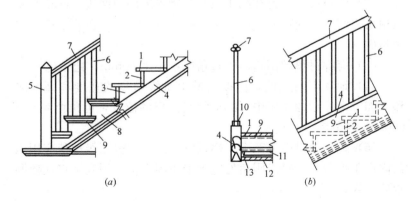

(a)　　　　　　　　　　*(b)*

图 6-1　木楼梯构造

（*a*）明步木楼梯；（*b*）暗步木楼梯

1—踏步板；2—踢板；3—三角木；4—承重梁；5—大（中）立柱；

6—小立柱；7—楼梯扶手；8—护板；9—挑口线；10—压条；

11—板条筋；12—板条；13—粉刷层

搁栅相联，并用铁件加固。踏步三角木钉在承重梁上，踏步板、踢板分别钉在三角木上。为了遮盖三角木与承重梁的接缝，承重梁外侧面钉有护板。踏步靠墙处需做踢脚板，以保护墙面和遮盖踏步板与墙面的竖缝。楼梯栏杆分别与扶手、踢脚板榫接。

暗步木楼梯的踏步板和踢板分别嵌在承重梁的凹槽内。栏杆上端凸榫插入扶手内，下端凸榫插入承重梁上的压条内，如果不做压条，则凸榫直接插入承重梁内。楼梯背面一般做板条粉刷或钉纤维板封闭，或用其他面板材料覆面。

6.1.2 木楼梯部件放样及配制

1. 放样、出样板

制作木楼梯，首先应根据施工图纸，把楼梯的踏步高度、宽度、级数及休息平台尺寸放出足尺大样图，或按图计算各部分尺寸，同时制出三角样板和楼梯承重梁样板。

2. 部件配制

（1）配料时，应注意各部件的长度必须包括两端榫头尺寸在内。踏步板须用整块木板，厚度为 30～40mm。

（2）若用拼板时，应采取有效措施防止错缝开裂。

（3）明步木楼梯的踏步板长度要考虑挑出护板的尺寸。

（4）踢板与踏步板需用开槽方法连接，踢板厚度为 20～25mm。明步木楼梯踢板长度要考虑与护板做 45°割角的尺寸。

（5）三角木厚度为 50mm 左右，制作三角木时，应使三角木的最长边平行于木纹方向。

（6）承重梁配制时，应将木节、斜纹向上放置。承重梁与平台梁的榫肩，应上口不留线，下口留半墨线。

（7）护板成踏步形，但不宜事先锯割，应在踏步板、踢板安装后，将护板料套上去按实际尺寸划线，然后再锯割成踏步形状为好。为避免踢板与护板的端头木纹外露，两者的交接处应锯成 45°的割角相连，且护板的厚度应与踢板厚度相等。

（8）靠墙踢脚板也成踏步形，可事先预制，但两端应适当放有余量，以便安装时上下移动作修整，保证接缝严密。

（9）楼梯柱与踏步板及扶手的结合处要作榫头，栏杆与扶手的结合处可作半榫。榫眼必须符合要求，保证榫接紧密牢固。

6.2 木楼梯安装

6.2.1 现场测量及基础处理

1. 现场测量

测量洞口、承重墙、梯段、平台、地面、楼面以及相对尺寸。

2. 基础处理

（1）有基础木质楼梯：踏板基础面应处理至水平，踢板基础面与踏板基础面要保持垂直。同一梯段的踢板基础的高度和踏板基础的长度和宽度要保持一致。

（2）无基础木质楼梯：当无基础木质楼梯安装在墙上时，墙体应为承重墙。如遇空心墙，需在楼梯加固的位置填实，以便楼梯固定。如楼梯安装在楼板上，应保证落地处有足够的承载能力。如楼梯与梁固定，梁的强度和刚度应满足设计的承载要求。

在楼梯固定的位置不应有功能性的管、线。

（3）踏板基础和踢板基础的处理：踏板基础和踢板基础的形位差异不大于30mm，可以通过基层进行调整；踏板基础和踢板基础的形位差异大于30mm，应修改基层或基础。

（4）基层的安装：

1）在基础上应铺设防潮层。

2）基层用木楔调整至水平，并牢固固定在基础上。

3）用合适的木条封堵踢板、踏板与基层的空隙。

6.2.2 安装准备

安装开始前，检查现场是否达到安装条件，认真核对图纸及零部件，确定踏步安装尺寸，确定楼梯承重梁固定方案。楼梯基础达到要求、确认楼梯各部件数量准确无误、质量符合要求后，开始安装。

6.2.3 无基础楼梯承重梁、柱的安装

（1）承重梁的安装应根据图纸进行定位，根据实际情况进行安装（如图纸定位不精确，可合理调动位置）。根据设计要求，承重梁的安装如需与实心墙进行固定，应保证与墙体的结合强度达到要求且垂直。

（2）固定点的数量由实际情况决定。

（3）如需安装承重柱，承重柱的安装应该满足设计要求，承重柱安装应保证其连接牢固，以达到整个楼梯的稳定性。

（4）明步木楼梯需钉三角（三角木位置应先在承重梁上画出，然后按线钉牢）。每块三角木至少用两只钉子固定，钉子钉入承重梁深度不少于 60mm，收紧钉子时，要注意不使三角木开裂。两根承重梁上的三角木应高低进出一致，护板处的三角木必须与承重梁外侧面平。每钉一级三角木应随铺临时踏步板，以方便施工操作。

6.2.4 楼梯踏板、踢板、平台的安装

（1）有基础楼梯踏板、踢板、平台的安装应对照图纸标号，测量踏板、踢板尺寸，由下而上进行踏板、踢板的安装，踏板、踢板与基层的连接可采用木螺钉或木栓加胶固定，每安装一块，应先对其做好保护。

（2）不规则踏板、踢板应采用样板，将样板与基层对好后再进行切割，前缘保持一致，反面采用螺钉加胶连接牢固。

（3）平台面板可以分小块安装，要求拼接处离缝不大于 2mm，高度差不大于 1mm。

（4）无基础楼梯踏板、踢板、平台的安装应与承重梁、柱牢固连接。

6.2.5　小立柱的安装

（1）小立柱安装后距离应均匀。

（2）确认小立柱在踏板上的位置，可以用木塞或螺栓连接小立柱与踏板并应加胶固定。测量踏板至扶手下端的垂直距离来确定小立柱高度；小立柱切割时，应先确定上端的斜度，再依据小立柱需求高度切割小立柱下端。

（3）扶手下面的榫眼应按每根小立柱上端面斜度切面进行钻孔安装。

6.2.6　扶手的安装

主柱与扶手通常用扣板条、木塞或直接嵌入连接（如图 6-2所示）。

1. 找位与划线

（1）安装扶手的固定件：位置、标高、坡度找位校正后，弹出扶手纵向中心线。

（2）按设计扶手构造，根据折弯位置、角度，划出折弯或割角线。

（3）楼梯栏板和栏杆顶面，划出扶手直线段与弯头、折弯段的起点和终点的位置。

2. 弯头配制

（1）按栏板或栏杆顶面的斜度，配好起步弯头。一般木扶手，可用扶手料割配弯头，采用割角对缝粘接，在断块割配区段内最少要考虑三个螺钉与支承固定件连接固定。大于 70mm 断面的扶手接头配制时，除粘结外，还应在下面作暗榫或用铁件铆固。

（2）整体弯头制作。先做足尺大样的样板，并与现场划线核对后，在弯头料上按样板划线，制成雏形毛料（毛料尺寸一般大于设计尺寸约 10mm）。按划线位置预装，与纵向直线扶手端头粘结，制作的弯头下面刻槽，与栏杆扁钢或固定件紧贴结合。

3. 连接预装

预制木扶手须经预装，预装木扶手由下往上进行，先预装起步弯头及连接第一跑扶手的折弯弯头，再配上下折弯之间的直线扶手料，进行分段预装粘结，粘结时操作环境温度不得低于5℃。

4. 固定

分段预装检查无误，进行扶手与栏杆（栏板）上固定件，用木螺丝拧紧固定，固定间距控制在400mm以内，操作时应在固定点处，先将扶手料钻孔，再将木螺丝拧入，不得用锤子直接打入，螺帽达到平正。

扶手上端与大立柱连接时，应采用螺栓或木塞，涂胶加固，下端与大立柱连接时，应采用两根螺栓并涂胶加固，如图6-2所示。

5. 整修

扶手折弯处如有不平顺，应用细木锉锉平，找顺磨光，使其折角线清晰，坡角合适，弯曲自然、断面一致，最后用木砂纸打光。

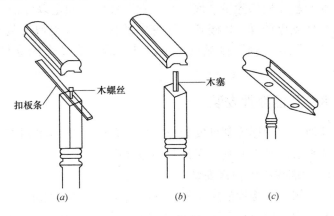

图 6-2　扶手的安装

（a）扣式扶手；（b）常规扶手；（c）圆口立柱

6.2.7　大（中）立柱安装

根据图纸进行定位，依据实际情况进行切割，大（中）立柱应用螺栓与螺母的连接方式与底面连接，并且底面涂胶，如图6-3所示。

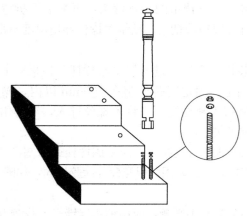

图 6-3 大（中）立柱的安装

安装整体楼梯除了"底"与"顶"接触点固定以外最少有 1 个大立柱支撑楼梯。2 楼到 3 楼悬空的楼梯（或类似安装要求）除了"底"与"顶"接触点固定以外，最少有 2 个大立柱支撑楼梯。

6.2.8 其他部件安装

其他类型的楼梯部件安装也应保证立柱垂直、间隔均匀、扶手连续平滑的基本原则，保证其连接强度。

1. 靠墙踢板和护板安装

（1）明步木楼梯的踏步板、踢板均突出承重梁侧面，应先取几块木块用小钉临时钉在承重梁侧面，使木块厚度等于该突出量。然后将长度准确的护板料紧靠其上，用笔将踏步板、踢板的外形画在护板料上，再用细锯按线锯割即可（留半墨线）。护板与踢脚板的交接处应锯成 45°割角。

（2）护板经试放、修整、检查，各处接缝符合要求后即可安装。

（3）靠墙踢板需经试放、修整、检查，接缝严密后，方可进行固定。

（4）钉子应钉在墙内预埋木砖上。若无木砖应打眼下木楔，木楔间距不大于 750mm。

（5）护板、靠墙踢板若需拼接，应采取 45°斜搭接。

2. 钉挑口线

挑口线起盖缝和装饰作用。制作时，要线条清晰、顺直、光洁。安装时，截料长短要合适，割角要严密，钉帽砸扁顺纹冲入木线内，表面不应有锤印。

锯割挑口线割角以及护板与踢板的割角，宜用割角箱，以保证割角角度正确，接缝严密。

6.2.9 楼梯外观验收

楼梯外观质量应符合下列要求：

（1）与人体接触部位不应有毛刺、刃口或棱角。

（2）部件的外表应光滑，倒棱、圆角、弧线应保持流畅光滑、均匀一致。

（3）雕刻的图案部分应均匀、清晰、层次分明，对称部位应对称，棱角、圆弧处应无缺角，各部位不应有锤印和毛刺。

（4）表面不应有崩茬、刀痕、砂痕。

（5）封边、包边不应出现脱胶、鼓泡、开裂现象。

（6）贴面应严密、平整，不应有明显透胶。

（7）榫、塞角等各零部件的结合应紧密、端正，结合部位无开裂或松动。

（8）所有连接和切割部位应连接顺滑，平面接头处高度差不超过 0.3mm。

（9）小立柱应垂直，间距均匀，排列整齐，与扶手底面间隙不大于 0.5mm。

（10）承重梁与墙体和横梁连接应牢固无松动。

6.3 楼梯护栏和扶手施工

楼梯侧面临空时应设置护栏。楼梯应至少于一侧设置扶手，三人楼梯或楼梯通行宽度大于或等于 1200mm 时应在两侧设置扶手。楼梯扶手应连续，安装应牢固，形状易于抓握。安装于墙面的扶手与墙面间净空距离不宜小于 40mm。

护栏上每个通透空间防止产生跌落的方向的净宽不大于 110mm 或采用其他防止儿童从楼梯中钻出的尺寸。

扶手高度不应小于 900mm；有楼梯井且靠楼梯井一侧水平扶手长度超过 500mm 时，扶手高度不应小于 1050mm。

6.3.1 金属栏杆木扶手的安装

栏杆立柱固定式木扶手，由木扶手和金属栏杆两部分组成。木扶手可以采用矩形、圆形和各种曲线截面。金属栏杆可用方钢管、钢筋和各种花饰。图 6-4 为一种金属栏杆木扶手。

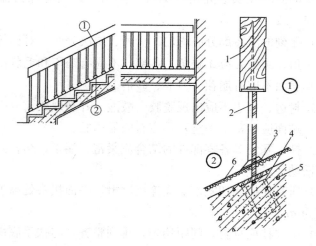

图 6-4　金属栏杆木扶手

1—木扶手；2—立柱；3—法兰；4—预埋铁件；5—楼梯混凝土；6—水磨石

立柱下端焊接于楼梯预埋铁件上，为了美观下端可套一法兰。立柱上端焊接 4mm×30mm 或 4mm×40mm 的通长扁钢，在扁钢上钻木螺丝孔。木扶手下面的槽口卡在扁铁上，从下面用木螺丝上紧。

金属栏杆木楼梯扶手的安装方法：按楼梯扶手倾斜角截好金属立柱的长度和上下斜面。先立两端立柱，将其和预埋铁件焊牢立直。从上面两立柱上端拉通线，焊立中间各立柱。并套上法兰。在立柱上端焊接扁钢，并钻上均匀的螺丝孔。将木扶手下的凹槽卡在扁铁上，从扁铁下拧入木螺丝固定。木扶手的连接采用暗燕尾榫连接。扶手弯头同直扶手暗燕尾榫结合后将接头修平磨光。待楼梯混凝土面层干后用环氧树脂将法兰粘牢。

6.3.2 混凝土栏板固定式木扶手安装

混凝土栏板固定式木楼梯扶手的结构，如图 6-5 所示。

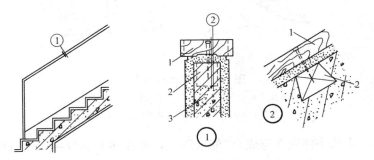

图 6-5 混凝土栏板固定式木扶手
1—木扶手；2—预埋梯形木砖；3—混凝土栏板

在浇注楼梯时，将混凝土栏板一起浇注成形，并在里面按设计要求预埋防腐梯形木砖。木扶手平放在栏板上，从上面将木螺丝拧入木砖固定，扶手表面的木螺丝孔用木块塞严补平。

混凝土栏板固定式木扶手的安装方法：将木扶手平放在栏杆上，对接好弯头后，对准预埋木砖钻孔，拧入木螺丝固定。将木扶手上的木螺丝孔塞入木块，胶粘后修平磨光即可。

6.3.3 靠墙楼梯木扶手安装

靠墙楼梯木扶手的结构，如图 6-6 所示。

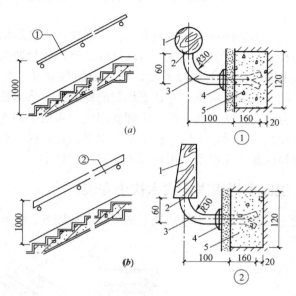

图 6-6 靠墙楼梯扶手
1—木扶手；2—弧形扁铁；3—20 或—25×6 铁件；
4—法兰；5—墙上预留洞，用碎石混凝土填充

木扶手固定在弯成 90°的铁件上，铁件塞入墙洞后用细石混凝土填实固定。铁件入墙部位用法兰封盖，铁件的另一端焊接 4mm×40mm 通长铁条，铁条上每隔 150～300mm 钻一螺丝孔。

靠墙楼梯扶手的安装。先将上下两个铁件塞入墙洞，调直后用碎石混凝土填实固定。在上下两铁件上拉通线，中间各铁件以此线为准放立和固定并套上法兰。在已固定好的铁件上焊接 4mm×40mm 通长铁条，并在铁条上按 150～300mm 的距离钻好木螺丝孔。将木扶手下的凹槽卡在扁铁上，从下面拧入木螺丝固定。待墙面抹灰干后将法兰盘用胶粘牢在墙面上。

7 细部木作工程施工

7.1 壁橱、吊柜安装

7.1.1 一般规定

（1）结构工程和有关壁橱、吊柜的连体构造已具备安装壁橱和吊柜的条件，室内已有标高水平线。

（2）壁橱、吊柜成品、半成品已进场，并经验收，质量合格，数量、规格、品种准确无误。

（3）壁橱、吊柜产品进场验收合格后，应及时对安装位置靠墙、贴地面部位涂刷防腐涂料，其他各面应涂刷底油漆一道，存放应平整，保持通风；一般不应露天存放。

（4）壁橱、吊柜的框应在抹灰前进行安装；门扇应在抹灰后进行安装。

（5）壁橱、吊柜安装时，严禁碰撞抹灰及其他装饰面的口角，防止损坏成品面层。

（6）安装好的壁橱隔板，不得拆动，保护产品完整。

7.1.2 找线定位

抹灰前利用室内统一标高线，按设计施工图要求的壁橱、吊柜标高及上下口高度，考虑抹灰厚度的关系，确定相应的位置。

7.1.3 壁橱、吊柜的框、架、隔板安装

1. 壁橱、吊柜的框、架安装

壁橱、吊柜的框、架应在室内抹灰前进行，安装在正确位置

后，两侧框固定点应钉两个钉子与墙体木砖钉牢，钉帽不得外露。若隔墙为轻质材料，应按设计要求固定方法固定牢固。如设计无要求，可预钻 70～100mm 深、$\phi 5$ 的孔，埋入木楔，其方法是将与孔相应大的木楔粘 108 胶水泥浆，打入孔内粘结牢固，用以钉固框。采用钢框时，需在安装洞口固定框的位置处预埋铁件，用来进行框件的焊固。在框架固定前应先校正、套方、吊直，核对标高、尺寸，位置准确无误后，进行固定。

2. 壁柜隔板支固点安装

按施工图隔板标高位置及支固点的构造要求，安设隔板的支固条、架、件。木隔板的支固点一般是将支固木条钉在墙体木砖上；混凝土隔板一般是⊏型铁件或设置角钢支架。

7.1.4 壁橱、吊柜扇的安装

（1）壁橱、吊柜的框和扇，在安装前应检查有无窜角、翘扭、弯曲、劈裂，如有以上缺陷，应修理合格后再行拼装。吊柜钢骨架应检查规格，有变形的应修正合格后再进行安装。

（2）按扇的规格尺寸，确定五金的型号和规格，对开扇的裁口方向，一般应以开启方向的右扇为盖口扇。

（3）检查框口尺寸：框口高度应量上口两端；框口宽度，应量两侧框之间上、中、下三点，并在扇的相应部位定点划线。

（4）框扇修刨：根据划线对柜扇进行第一次修刨，使框扇间留缝合适，试装并划第二次修刨线，同时划出框、扇合页槽的位置，注意划线时避开上、下冒头。

（5）铲、剔合页槽进行合页安装：根据划定的合页位置，用扁铲凿出合页边线，即可剔合页槽。

（6）安装扇：安装时应将合页先压入扇的合页槽内，找正后拧好固定螺丝，进行试装，调好框扇间缝隙，修框上的合页槽，固定时框上每个合页先拧一个螺丝，然后关闭、检查框与扇的平整，无缺陷符合要求后，将全部螺丝装上拧紧。木螺丝应钉入全长 1/3，拧入 2/3，如框、扇为硬木时，安装合页时，应先划位打眼，再拧紧螺钉。

（7）安装对开扇：先将框扇尺寸量好，确定中间对口缝、裁口深度，划线后进行刨槽，试装合适时，先装左扇，后装右扇。

（8）五金的品种、规格、数量按设计要求选用，安装时注意位置的选择。

7.2 木墙裙施工

7.2.1 基层处理与弹线、打孔

1. 基层处理

将墙面、地面起皮及松动处清除干净，并用水泥砂浆补抹，将残留灰渣铲铲干净，然后将基层扫净。

用水泥砂浆将墙面、地面的坑洼、缝隙等处找平。

2. 测量放线弹线

（1）定出地面的地坪基准线：原地坪无饰面要求的，基准线为原地坪线。如原地面需铺石材、瓷砖等饰面，则需根据饰面层的厚度来定地坪基准，即原地面上加上饰面粘贴层。将定出的地坪基准线弹在墙面上。

（2）以地坪基准线为起点，在墙面上量出木墙裙的装修标高，在该点画出高度线。

（3）注水法定标高：用一条塑料透明软管灌满水后，将软管的一端水平面对准墙面上的高度线。再将软管的另一端头水平面在同侧墙找出另一点，当软管内水平面静止时，画下该点的水平位置，将这两点连线。用同样方法在其他墙面做出高度水平线。施工时应注意，在一个房间内基准高度线只能用一个。

（4）根据设计要求及龙骨间距进行弹线。

7.2.2 设置连接件

（1）空心砖、加气混凝土砖墙体，需在墙面凿洞将木砖防腐

后，按设计位置埋于墙体内，并用水泥砂浆砌实，与墙体表面一平。

（2）轻钢龙骨石膏板隔墙、木隔墙，在将其主副龙骨位置划出后，再将墙面待安装的木龙骨需固定的交点处标定。

（3）砖混结构，可用冲击钻在墙面上按弹线位置钻孔，其钻孔深度不应小于40mm。在钻孔位置钉入直径大于孔径的木楔，木楔应防腐。

（4）弹线找出墙面最凸点，并放线标出固定点的位置，在最凸点埋设木砖或钻孔埋入木楔（木砖和木楔应防腐），其外表面与墙面应一平。依次在所有固定点埋设木砖或下入木楔，其外表面均应与最凸点在同一平面，如木砖位置不适用可补设，如图7-1所示。

（5）如为后加的木墙裙、木墙面，可按木龙骨的位置、尺寸在墙体上钻孔，钉入木楔或膨胀螺栓。

（6）如采用轻钢龙骨骨架系统则不需打孔及填木塞。

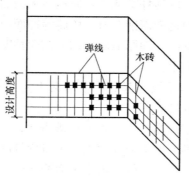

图 7-1 墙面弹线、加木砖

7.2.3 龙骨制安

1. 木龙骨制安

（1）根据墙裙高度做成龙骨架，整片或分片安装。

（2）木龙骨应在水平和垂直方向设置，间距450～500mm。

木龙骨与板的接触面必须刨光，且要求厚薄一致。

（3）安装木龙骨前，应先在墙上弹线分档。钉木龙骨时背面要垫实，表面要平整，与墙的连接要牢固。

（4）在木龙骨与墙之间要刷一道热沥青，并干铺一层油毡，以防湿气进入而使木墙裙、木墙面变形。

（5）竖向木龙骨的间距，应与胶合板等块材的宽度相适应，板缝应在竖向木龙骨上。

（6）龙骨安装，如图7-2所示。如需隔声，如 KTV，中间需填隔声轻质材料。

2. 轻钢龙骨制安

采用 50 型轻钢龙骨根据墙裙高度裁切，并用配套连墙件及膨胀螺栓将竖龙骨固定于墙面，再将横龙骨固定于竖龙骨上，一般横龙骨间距为 300mm，竖龙骨间距为 400mm，龙骨安装须垂直、平整。

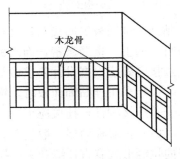

图 7-2　木龙骨的安装

7.2.4　装钉基层板

根据龙骨的分布情况，在基层板上弹线、锯裁，将基层板装钉在龙骨上，要求板与板之间的接缝必须在龙骨上，钉帽及螺钉不高于基层板面，基层板面必须垂直平整，如图7-3、图7-4所示。

7.2.5　镶贴饰面板

（1）硬木装饰木墙裙、木墙面装钉时，应将木板的年轮凸面向内放置，且木纹颜色要相近，木板的宽窄应均匀，如必须打槽、拼缝、裁口时，应按设计图纸的要求进行。

（2）镶贴饰面板时，应在基层板面和饰面板的背面均匀涂刷

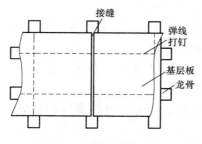

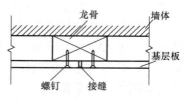

图 7-3　基层板安装（一）　　　　图 7-4　基层板安装（二）

胶粘剂，饰面板纵向接头，宜布置在视线忽略部位。镶贴饰面板
应自下而上，接缝严密，饰面板接缝与基层板接缝不能重叠，饰
面板接缝处应根据设计要求做装饰处理。

（3）采用挂贴饰面板时，饰面板背面及基层板上应按设计要
求安装挂接构件，挂接应牢固、平整。

（4）护墙板面层一般竖向分格拉缝以防翘鼓。护墙板面层的
竖向拉缝形式有直拉缝和斜面拉缝两种，如图 7-5 所示。为了美
观起见，竖向拉缝处也可镶钉压条，如图 7-6 所示。目前压条均
用机器预制成品。

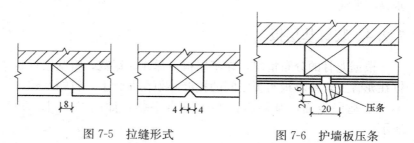

图 7-5　拉缝形式　　　　　图 7-6　护墙板压条

（5）如果做全高护墙板，护墙板纵向需有接头，接头最好在
窗口上部或窗台以下，有利于美观。接头形式，如图 7-7 所示。

（6）厚面板作面层时，板的背面应做卸力槽，以免板面弯
曲、卸力槽间距不大于 150mm，槽宽 10mm，深 5～8mm，如图
7-8 所示。

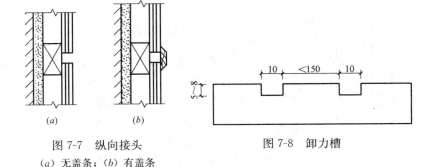

图 7-7　纵向接头

(a) 无盖条；(b) 有盖条

图 7-8　卸力槽

（7）护墙板阳角的处理方法，如图 7-9 所示。

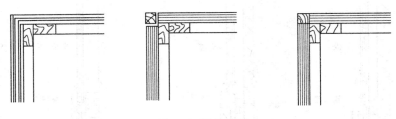

图 7-9　阳角处理

（8）护墙板阴角的处理方法，如图 7-10 所示。

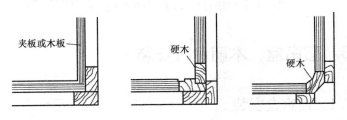

夹板或木板

硬木

硬木

图 7-10　阴角处理

（9）护墙板顶部要拉线找平，钉木压条。木压条规格尺寸要一致，挑选木纹、颜色近似的钉在一起。压线条的处理方法，如图 7-11 所示。压条接头应做暗榫，线条需一致，割角应严密。

（10）在木墙裙的上、下部位应有 $\phi12$ 的通气孔；在木龙骨上也要留出竖向的通气孔，使内部水汽排出，避免木墙面受潮

157

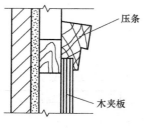

图 7-11 压条的处理

变形。

7.2.6 安装踢脚线

饰面板安装完毕后，在木墙裙底部安装踢脚线，踢脚线应固定于墙板上，踢脚线的型号、规格应符合设计要求，其做法如图 7-12 所示。

木墙裙安装完毕后，应立即进行饰面处理，涂刷清油一遍，以防止其他工种污染板面。采用工厂加工的成品饰面板，在安装后应做表面覆盖保护工作。

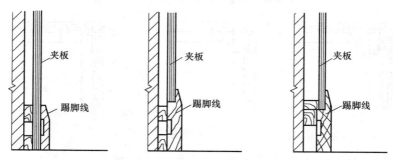

图 7-12 护墙板与踢脚线交接处的几种做法

7.3 窗帘盒、木窗台板安装

7.3.1 窗帘盒安装

窗帘盒分为明窗帘盒和暗窗帘盒，明窗帘是窗帘杆或轨道外露出来，一般安装于吊顶下部。暗窗帘是看不到窗帘杆的，一般安装于吊顶内部隐藏起来。

1. 施工准备

如果是明窗帘盒，则先将窗帘盒加工成半成品，再在施工现场安装。如果是暗窗帘盒，则混凝土和墙面的抹灰及找平已经完成。

安装窗帘盒前，顶棚、墙面、门窗、地面的装饰做完。

2. 明窗帘盒的制作

（1）下料：按图纸要求截下的木料要长于要求规格 30～50mm，厚度、宽度要分别大于 3～5mm。

（2）制作卯榫：最佳结构方式是采用 45°全暗燕尾卯榫，也可采用 45°斜角钉胶结合，上盖面可加工后直接涂胶钉入下框体。

（3）装配：用直角尺测准暗转角度后把结构固定牢固，注意格角处不得露缝。

（4）修正砂光：结构固化后可修正砂光。用 0 号砂纸打磨掉毛刺、棱角、立槎，注意不可逆木纹方向砂光。要顺木纹方向砂光。

3. 暗窗帘盒的安装

暗装形式的窗帘盒，主要特点是与吊顶部分结合在一起，常见的有内藏式和外接式。

内藏式窗帘盒主要形式是在窗顶部位的吊顶处，做出一条凹槽，在槽内装好窗帘轨。作为含在吊顶内的窗帘盒，与吊顶一起施工。外接式窗帘盒是在吊顶平面上，做出一条贯通墙面长度的遮挡板，在遮挡板内吊顶平面上装好窗帘轨。

遮挡板一般采用大芯板制作，也可采用木构架双包镶，并把底边做封板边处理。遮挡板与顶棚交接线应用角线压住。

遮挡板与顶棚交接线要用棚角线压住。遮挡板的固定法可采用射钉固定，也可采用膨胀螺栓固定。

4. 窗帘轨安装

窗帘轨道有单、双或三轨道之分。单体窗帘盒一般先安轨道，暗窗帘盒在安轨道时，轨道应保持在一条直线上。轨道形式有工字形、槽形和圆杆形等。

工字形窗帘轨是用与其配套的固定爪来安装，安装时先将固定爪套入工字形窗帘轨上，每个窗帘轨道有三个固定爪安装在墙面上或窗帘盒的木结构上。

槽形窗帘轨的安装，可用 $\phi 5.5$ 的钻头在槽形轨的底面打出小孔，再用螺钉穿过小孔，将槽形轨固定在窗帘盒内的顶面上。

　　圆杆形轨道多利用配套支座固定在墙体上，或直接固定在窗帘盒的木结构上。

7.3.2　窗台板安装

1. 窗台板构造

木窗台板的构造，如图 7-13 所示。

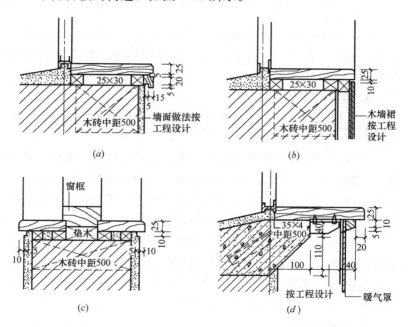

图 7-13　木窗台板构造

2. 定位与划线

　　根据设计要求的窗下框标高、位置，划窗台板的标高、位置线，同时核对暖气罩的高度，并弹暖气罩的位置线，为使同房间或连通窗台板的标高和纵横位置一致，安装时应统一找平，使标高统一无差。

3. 检查预埋件

找位与划线后，检查窗台板、暖气罩安装位置的预埋件，是否符合设计与安装的连接构造要求，如有误差应进行修正。

4. 支架安装

构造上需要设窗台板支架的，安装前应核对固定支架的预埋件，确认标高、位置无误后，根据设计构造进行支架安装。

5. 木窗台板安装

（1）安装窗台板时，其两侧伸出窗洞以外的尺寸要一致。

（2）窗台板的安装标高应符合设计图纸的规定，并要求保持水平，两端应牢固嵌入墙内，里边宜插入窗框下冒头的裁口内。

（3）在窗下墙面钉木砖处，横向钉梯形断面木条（窗宽大于1m时，中间应以间距500mm左右加钉横向梯形木条），用以找平窗台板底线。

（4）窗台板宽度大于150mm的，拼合板面底部横向应穿暗带。安装时应插入窗框下帽头的裁口，两端伸入窗口墙的尺寸应一致，保持水平，找正后用砸扁钉帽的钉子钉牢，钉帽冲入木窗台板面2mm。

（5）安装固定一般用角钢或扁钢做托架或挂架；窗台板的构造一般直接装在窗下墙顶面，用砂浆或细石混凝土稳固。

7.4 木门窗套及木贴脸板施工

木门窗套用于镶包门洞口，或用于镶包钢、木、铝合金等门窗口，门窗套一般有两侧及上部共三片组成，门窗洞内的门窗套线，其宽度及高度（含基层板厚度）尺寸应比门窗洞口小10~20mm，以防止安装时的误差，如图7-14所示。

7.4.1 基层处理及弹线测量

1. 基层处理

将墙面、地面的杂物、灰渣铲干净，然后将基层扫净。

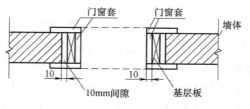

图 7-14　门套节点图

用水泥砂浆将墙面、地面的坑洼、缝隙等处找平。

2. 弹线测量

木门窗套安装前，应根据设计图要求，先找好标高、平面位置、竖向尺寸进行弹线。

测量门窗及其他洞口位置、尺寸是否方正垂直，与设计要求是否相符。

7.4.2　龙骨配制与安装

弹线后检查预埋件、木砖是否符合设计及安装的要求，主要检查排列间距、尺寸、位置是否满足钉装龙骨的要求；

设计有防潮要求的木门窗套，在钉装龙骨时应压铺防潮卷材，或在钉装龙骨前进行涂刷防潮层的施工。

木门窗套龙骨应根据洞口实际尺寸，按设计规定骨架料断面规格，可将一侧木门窗套骨架分三片预制，洞顶一片、两侧各一片。每片一般为两根立杆，当基层板宽度大于 500mm，中间应适当增加立杆。横向龙骨间距不大于 400mm；面板宽度为500mm 时，横向龙骨间距不大于 300mm。龙骨必须与固定件钉装牢固，表面应刨平，安装后必须平、正、直。

7.4.3　门窗套线安装

1. 窗套线安装

根据设计图纸要求埋入木塞或木砖，面封大芯板并与木塞固定，板面应平整、垂直，固定应牢固。大芯板应做防火及防腐处理。

2. 门套线安装

根据设计图纸要求埋入木塞或金属连接件，面封大芯板。大型或较重的门套及门扇安装，应采用金属连接件，金属连接件可用角钢、方通等制作并用膨胀螺栓与墙体固定，金属件应埋入墙体且表面与墙体平齐。然后面封两层大芯板，用螺丝将板材固定于金属件上，板面应平整、垂直，固定应牢固，如图 7-15 所示。板材与墙体之间的空隙应用防火及隔音材料封堵。并应满足防火要求。

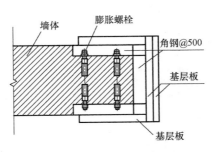

图 7-15　门套基层板安装节点图

7.4.4　面板安装

（1）面板安装前，对龙骨位置、平直度、钉设牢固情况，防潮构造要求等进行检查，合格后进行安装。

（2）面板选色配纹：全部进场的面板材，使用前按同房间、临近部位的用量进行挑选，使安装后从观感上木纹、颜色近似一致。

（3）面板配好后进行安装，面板尺寸、接缝、接头处构造完全合适，木纹方向、颜色的观感尚可的情况下，才能进行正式安装。

（4）面板接头处应涂胶与龙骨钉牢，钉固面板的钉子规格应适宜，钉长约为面板厚度的 2～2.5 倍，钉距一般为 100mm，钉帽应砸扁，并用尖铣子将钉帽顺木纹万向冲入面板表面下1～2mm。

（5）钉贴脸：贴脸料应进行挑选、花纹、颜色应与框料、面板近似。贴脸规格尺寸、宽窄、厚度应一致，接槎应顺平无错槎。

参 考 文 献

［1］ 第五版编委会. 建筑施工手册. 第 5 版. 北京：中国建筑工业出版社，2011.

［2］ 第四版编写组. 建筑施工手册. 第 4 版. 北京：中国建筑工业出版社，2003.

［3］ 中国建筑工程总公司. 建筑装饰装修工程施工工艺标准. 第 1 版. 北京：中国建筑工业出版社，2003.

［4］ 周海涛. 装饰工实用便查手册. 北京：中国电力出版社，2010.

［5］ 杨嗣信主编. 高层建筑施工手册（第二版）. 北京：中国建筑工业出版社，2001.

［6］ 王寿华主编. 建筑门窗手册. 北京：中国建筑工业出版社，2002

［7］ 王寿华、王比君编. 木工手册（第二版）. 北京：中国建筑工业出版社，1999.

［8］ 陈世霖主编. 当代建筑装修构造施工手册. 北京：中国建筑工业出版社，1999.

［9］ 雍本等编写. 建筑工程设计施工详细图集"装饰工程（3）". 北京：中国建筑工业出版社，2001.